中国科普大奖图书典藏书系

时光倒流一万年

周国兴 著

中国盲文出版社
湖北科学技术出版社

图书在版编目（CIP）数据

时光倒流一万年：大字版 / 周国兴著. —北京：中国盲文出版社，2020.6

（中国科普大奖图书典藏书系）

ISBN 978-7-5002-9687-4

Ⅰ.①时… Ⅱ.①周… Ⅲ.①古人类学—普及读物 Ⅳ.①Q981-49

中国版本图书馆 CIP 数据核字（2020）第 078198 号

时光倒流一万年

著　　者：周国兴
责任编辑：李　爽
出版发行：中国盲文出版社
社　　址：北京市西城区太平街甲 6 号
邮政编码：100050
印　　刷：东港股份有限公司
经　　销：新华书店
开　　本：787×1092　1/16
字　　数：204 千字
印　　张：21.25
版　　次：2020 年 6 月第 1 版　2020 年 6 月第 1 次印刷
书　　号：ISBN 978-7-5002-9687-4/Q・105
定　　价：58.00 元
编辑热线：（010）83190273
销售服务热线：（010）83190520

目　录

CONTENTS

我的探索人类之路

一 我的童年

我的童年跨越了三个历史时代，分别是日伪沦陷期、解放战争期以及新中国成立期。其间我经历了幼稚园、小学（南通私立通州师范第一附属小学，简称“通师附小”或“通附”）和初中（江苏南通中学）的学生生涯，在“通附”的生活占据了我童年的大部分时间。

1937 年 9 月我出生在一座美丽的江边小城——南通。南通地处长江入海处的北岸，是长江边上一个景色十分秀丽的地方。现在它的行政区域较大，下辖三区一县，代管四个县级市，北、东、南三面临水，西面靠陆，整个形状像个菱形半岛，旧时的南通县城却不大，为濠河（护城河）所包围。

在被日本侵略军占领前，南通是一个治理得很好的著名模范县，为什么说它是个模范县呢？主要受益于南通的一位杰出人物的精心建设，这个人就是清末的状元张謇先生（1853 — 1926）。张謇先生不仅是一位有卓识的政治家，也是一位有实干精神的实业家和教育家。清末的中国面临着外侮内困的危急情势，许多有识之士提出了各种各样的救国方案，有主张革命的，有要求变法的，而他却热衷于学习欧美和日本，提出了普及教育、实业救国的主张。普及教育是花钱的事，他认为只有办实业才能获得必要的资金，而实业又以办纺织业最为有利。于是，从 1898 年开始，他在南通创办了纺织厂，从而带动了这个城市的工业化。以后张謇先生利用工业利润兴办了一系列文化教育事业。1904 年他从日本考察回来，办了大、中、小学和师范学校，甚至幼稚园，还创建了博物苑与图书馆，走上了一条历来封建社会的状元从没走过的“父实业、母教育”的救国之路。

我虽是南通市人，但祖籍却是张謇先生的出生地海门常乐镇。我的祖父曾在张謇先生创办的垦牧公司工作，我家祖宅与张家的祖宅隔河相望。我长大后上的幼稚园、小学和中学均为张謇先生所创办，乃至以后我上的大学，即上海复旦大学，其前身复旦学院亦是他所协办的。我所受的教育以及我以后受聘为南通博物苑名誉苑长，均受惠于张謇先生。

1937 年 7 月 7 日，日本军国主义发动了震惊中外的“卢沟桥事变”，侵华战争的烽火熊熊燃起。8 月 13 日，日寇进攻上海，爆发了淞沪抗战，接着南通也遭到袭击。就在鬼子“上岸”（即渡过长江，登上长江北岸）前，怀着身孕的母亲随外祖父母逃难到乡下，在金沙（现在的通州市）

一个名叫“姜灶港”的小镇上生下了我。外祖父为我取了“国兴”之名，寄托了赶走鬼子重建家园的愿望。

次年3月，日寇登岸；5月，日寇炮轰“姜灶港”，幸免于难的我们逃向更东的农村。战争的艰辛环境使母亲缺少乳汁来哺育我，逃难的途中到处寻找人乳喂养我，先后竟有八位农妇喂养了我。

日伪时期，日本兵一方面烧杀掳掠，无恶不作，另一方面又假装“亲善”、要建“皇土乐园”，强行奴化教育。此时，我5岁，刚进幼稚园，就被拉去表演“小兵丁”，每个孩子必须买小兵丁制服穿上。记得有一天，我们由一个日本小女孩带领跳小兵丁舞，最后让我们趴在地上装着打枪的样子，领头的日本小女孩就拉倒画着英美人头像的纸人，表示我们“胜利”了，这当是在珍珠港事件爆发之后的事了。

1945年8月，日寇投降，随后进入国内战争时期。国民党统治下的学校举办“童子军”活动。童子军的口号为“智仁勇”，要我们围上蓝色巾，学习在野外如何辨方向，使用绳、棍和蓝色巾来自救和救人，还学习打旗语……作为童子军的一员我学会了一些野外生活的初级知识。

不知道是天生的呢，还是什么别的原因，我自小就喜欢接触大自然，亲近动植物。

自小我随外祖父母生活。我们的住处位于旧城的公园区，房屋的北边路边有许多法国梧桐及高大的杨树，夏天梧桐树上的蝉儿叫声一片。家的西边有濠河，门前的这段比较开阔，通过一个河闸（西被闸），这条濠河与长江相通，夏天长江涨潮时，潮水会带来不少江鱼。潮水退去后，浅滩的泥土中会露出许多“蟛蜞”（小型淡水蟹）的洞穴，孩子们就去捉小蟹玩。河边土岸上长满了杂草，春天草丛里会冒出一两枝亭亭玉立的虞美人红花，花冠随风摇摆。河里浅滩处长有芒草、芦苇与菖蒲，秋天芦花放白，蒲花棒伸出水面，一片秋色。就像鲁迅童年时有“百草园”一样，这里就是我的百草园，是我童年时代的乐园，带给我无限的欢乐，它使我从小就深深迷上了大自然里的花草虫鸟。

我家有个大的天井，外祖父母在天井里栽花种树，四季花卉不断。我家种的月季是一种攀援型的，叫“十姊妹”，其实是一种野蔷薇，它那小型的红花一簇一簇的，细柔的茎攀附在高高的柏树上，整个植株花团锦簇犹如花轿一般。每年夏天总有一群名叫“十兄弟”的小鸟来到柏树上做窝，叽叽喳喳在“十姊妹”花丛中跳来跳去十分热闹。

我对昆虫有特殊的爱好与感情，从小捉金龟子、蟋蟀、蜻蜓、蝉、纺织娘、萤火虫……还在夏夜到树根附近寻找刚从土中爬出来的蝉的若虫，捉回来后看它如何蜕壳变为成虫。特别是以后又去养蚕，这培养了我对昆虫演化的极大兴趣。

八岁时我学会了钓鱼，钓的鱼有鲫鱼、鳊鱼、鳗鱼、白条、黄颡、泥鳅、鲈花儿……我还钓过青蛙、虾、蟹和乌龟！有时还有一钓上来就会突然咕的一声，将肚子胀得圆圆的鱼，原来它是河鲀。我的鱼类学知识就是这样积累起来的，可那时我还只是个小学生！

我喜欢鸟，喜欢春天布谷鸟的叫声，时常是半夜里听到它悠长的四声远远飘来。在春夜，南通有放“鹞子”（即风筝）的习惯，风筝上布满了哨子，它们彻夜在空中迎风呼啸，在哨音的陪衬下布谷鸟的叫声特别动听。在我家的东边有座西寺古庙，寺内和周边有许多高大的银杏，还有大榆树、刺槐、松柏等，上面栖息着各色各样的鸟。每当夜色降临，鸟儿归巢的那股热闹劲儿，直到现在我闭上眼睛依然能感受到。同伴们出游时，常常是我首先发现鸟迹，使得大家佩服不已，这正是我平日积累所致。

我还喜欢读书和杂志，特别是《鲁滨孙漂流记》这类探险的书。《儿童世界》中的西北游记最吸引我，其中羊皮筏子的插图至今还有印象。再大一些更爱的是《昆虫记》。

从小我就爱远足和露营。小学时每年有春秋两次远足活动，步行到十多里远的狼山；初中时露营则在剑山脚下，十多个孩子一个大帐篷，几个帐篷一字排开。早晨，在晨曦中爬到剑山山顶观日出，进行野炊，晚上有营火晚会和偷营，活动内容十分丰富。有时还到黄泥山脚下的江边漫游，听江涛拍击岩石的轰鸣声，观远处水天交接的浩渺，浮想联翩。此外，我和小伙伴们自己推着羊角车去旅行，独轮的羊角车上，装有野炊用具和蔬菜粮食，有时我们采野菜，还钓鱼打鸟，跟大自然的亲近，常使我们乐不思蜀。

虽然我的小学母校有座不小的花园，里面种满了花木，但最使我们流连忘返的是附近博物苑的残园，最吸引我们的是草丛里零散堆放的鲸鱼骨头。南通博物苑是中国第一座由中国人自己创办的博物馆，创办人就是张謇先生。

1949 年 2 月，南通解放了，10 月新中国成立。我在小学六年级参加了“中国少年儿童队”，即以后“中国少年先锋队”的前身。我先是小队长，以后成为首任大队长。1950 年 7 月小学毕业，同年 9 月我考进南通中学初中，由此结束了小学时代的多彩生活。

初中有生物课，我最喜爱的是植物，也喜爱上了种植活动。我看过一部名叫“米丘林”的传记电影，米丘林那创造出无数植物新品种的本领令我佩服极了。我家的北房后有一块空地，那是我的种植小园地，我在园地里尝试着种植不同种类的植物：蓖麻、扁豆、番茄、虞美人、矢车菊、石竹等，观察它们的生长过程是我初中时代最热衷的事。我还学着像米丘林一样尝试进行不同植物的嫁接，虽然没有一次成功，但我并不沮丧，反而感到很满足。有一次尝试进行人工授粉，第二年居然获得了杂色花瓣的虞美人，我还将种子采下来寄到上海西郊公园，一个名叫顾梅仙的园艺家还回信给我以鼓励。

初中毕业之时，我曾与同班同学结伴去南京投考地质学校，不想迷失了道路，未及时找到学校，错失了机会怅然而归，每每想及，后悔不已。

孩童时代的好奇心是重要，但不能仅仅停留在好奇上，还要有探究心！只有探究，问个为什么，怎么会这样，才会提升到新的层面上去认识周围世界和提高自己的素质修养。很高兴的是，自小我不止于满足好奇心，还有甚强的探究欲，总是不停探索着什么……

抱回一个头骨

1955年，高一时的暑假。8月里，我参加了由共产主义青年团组织的“南通市学生暑期旅行队”，为期10天，步行400里路程去海边！由市区出发，途经金沙镇、三余镇、吕四、大洋港、包场镇、二甲镇，回到金沙镇，再经西亭返回南通市。沿途我们要参观访问农村、农场、盐场、军营和渔港，还要出海！在访问过程中要与工人、农民、边防战士、劳动模范等广泛接触和联欢，自然，更要感受祖国大好河山的壮丽景色。

这次活动采取了半军事化行动的方式，对我们青少年特别具有诱惑力。8月4日凌晨5时，出发前由南通市市委书记亲自作动员报告，可见政府对这次活动的重视。下面是我当时日记中的一个片段：

8月11日

晨

3时　起身

4时　出发去海边

4～12时　海边活动、观日出

急促的军号声撕破黎明前的宁静，把我们从睡梦中惊醒。“快！军事行动，3时出发！”窗外依然是黑黑的。

愉快的行旅生活又开始了，今天的主题是，去海边、观日出。“一直向东，一直向东！”

穿过沉睡的街道，大队人马在田野小道上曲折前进。微风迎面而来，夹着一股捉摸不定的香味，那是稻谷的气息？道旁挺拔的高粱为我们站岗……

走啊走啊，没有个尽头。

终于，远处一堵黝黑的大墙横在眼前，先头部队的小红旗在晨曦中闪动，啊，海堤！

已登上海堤的同志们欢呼了：“同志们，见海了！”“大海！乌拉！”

我们飞似的奔上海堤，远处海面上迷迷蒙蒙，我们欢跳、笑啊；冷湿的海风带来一股腥味，我不禁打了一个寒战；不知谁唱起了“寒风吹进了单薄的帐篷……”，是《青年突击队员之歌》，马上歌声响遍了全队。

大海，对我多神秘，我是多么渴望拥抱你！

我们走在海堤崎岖的小路上大声唱着，两旁的草丛发出苦艾的气味，东方显出鱼肚色，不知名的虫子在茅草丛中开始鸣叫起来，间或一两只海鸟从头顶上掠过，我们走下海堤朝向大海走去。多么荒凉的海边！

在这次徒步长途旅行中，我已走出了家乡的小圈子，广泛接触了社会各界，亲近了大自然。沿途我采风、采集生物标本、写日记、画速写、写诗……第一次得到了全面锻炼。

这次旅行对我一生的影响特别大，从河边、江边走到了海边，深切感受到大自然诱人的魅力。面对深邃的大海，仿佛它正在召唤你，自然界无穷无尽的奥秘正等待你去探索。尤其是，这次徒步长途旅行坚定了我追求野外生活的信念。

高中课程中，我最喜爱的学科是“达尔文主义基础”。老师讲了达尔文的进化论和米丘林学说。好朋友知道我喜爱生物学，特地送我一部达尔文的著作《物种起源》。我似懂非懂地读起达尔文的物种起源理论，然而对我影响更大的却是一本小册子——1954 年中国青年出版社出版的一本薄薄的小书，是裴文中先生写的有关史前考古知识的普及读物，其中谈到了“劳动创造人”“中国猿人”“石器时代”……最使我感到不可思议的是，我们怎会得出中国猿人生活在“几十万年前”的这一数据？生物的演化竟然导致了人的产生。人！人究竟是什么？真没想到这本引起我无限遐想的小册子，竟引领了我今生的航程！

1955 年春节的一天，我去一位最亲近的奶妈家看望她。她抚育我的时间最长，对我也最亲，所以我常去看望她。

那天午饭后，我去屋后荒地溜达，突然见到冬天的枯草丛中有一个坟头，倒塌处露出一口破棺，一具人头骨半露在破口处。好奇心驱使我蹲下来拨弄它——还挺完整的，但未见下颌骨。我回去找来一张旧报纸，悄悄将它包好带回来，奶妈见我抱回一个用报纸包得圆圆的东西，问我是什么，我递给她说："人头。"奶妈大惊失色，大叫一声将人头骨扔给了我。我抱回南通，将它洗刷得干干净净，我不仅不害怕死人骨头，这个头骨竟成了我的宝贝！

没想到，在高中时代，一本小册子和偶然抱回的这个人头骨，竟预示了我今后的志向：从事人类学研究工作。

1957年我高中毕业，面临大学招生考试，当年招生名额为10.7万人，据称这远少于毕业人数，搅得大家颇为紧张，那时《招生通讯》是我们选择专业的唯一指导。高中毕业在即，我想投考包含野外工作在内的专业。当年是允许直接报考专业的，我打算填报的除了动物学就是植物学，不考虑其他专业。一天，我突然从新到的一期《招生通讯》上看到一条短讯，引起了我极大的关注：上海复旦大学生物系今年新创立人类学专业，将面向全国招收首批新生10名，并称该专业由吴定良教授主持——

复旦大学新设人类学专业

人类学专业　10人

又讯：复旦大学新设的人类学专业，今年暑期参加统招，开始招收第一届新生。这个专业由人类学家吴定良教授领导，师资、仪器设备和图书资料均很充实。学习期限为5年，培养方向是理论与应用人类学家。

我嫌该短讯过于简单，当即去信复旦大学生物系询问详情。问有没有研究人类起源的内容，而更重要的是询问毕业以后搞不搞野外工作，不久即收到回复，对方对我的问题给予了较详细的回答：

我系人类学专业主要是培养人类学工作者兼生物学工作者，它所学习的科目是：

一、人类起源学，专研究人类从猿到人的演化问题，说明劳动在从猿到人的进化过程中的作用。这门学科的研究对象是人类的化石遗骸，古生物学和地质学（与）该学科也有密切的关系。

二、人种学是研究人类种族的形成和种族特征的科学。在这方面在我国有许多问题亟待解决，例如西南少数民族有数十个之多，他们的族源、分布范围以及所具有的特点，都是不清楚的。

三、人体形态学，用形态学的方法（描述、组织切片）研究人体形态变异和类型的科学，研究对象是现代人。这门科学与工业、医学保健、国防关系较为密切，也是本专业目前的工作重点。

至于人类遗传学，它是人类学一支用谱系调查的方法来进行研究的学科，目前我组无该项科目。至于人类遗传学中涉及资本主义国家的魏斯曼-摩尔根主义，我们首先要认识到魏斯曼-摩尔根主义是遗传学上的一个学派，那么在人类遗传学上也应涉及。

人类学与人体及动物生理学有根本的区别，人类学以形态学为主，后者以机能为主，人类学的工作对象是群体，生理学则不是这样。

此致

周国兴同学

复旦大学生物系

1957 年 6 月 20 日

收到回信后，见到有人类起源学的科目，我十分兴奋，因为我曾经拜读过裴文中先生有关人类起源和中国猿人的小册子，那本书引起我很大的兴趣。正好有这样的专业，实在投合我的兴趣与爱好，我毅然将该专业填报为我高考的首选专业，尽管在全国只招收 10 名学生，被录取的可能性很小。在等待高校录取通知期间，我曾找出那个人头骨，心中暗问，难道我今后就会跟你和你的同伴打一辈子交道？

果然，从此我和人头骨结下了不解之缘，数以千计的人头骨在我手上经过！

很幸运，我通过了高校入学考试！复旦大学人类学专业录取通知书终于来了，宣告了我的中学生活的结束。

大学时代

刚到上海复旦大学报到的当晚，我特地找到吴定良教授的家，登门求教于吴先生，要证实该专业确实包含人类起源的内容和将来去野外工作的可能性，否则我将要求改学可以从事野外工作的动植物学专业。

房门打开，站在我面前的是一位矮个子、微胖的和蔼老者，吴定良先生！我告之我是曾来信咨询的学生，现已考取并已报到，现在想了解一些情况，特前来拜访求教。先生热情地邀我入室，这是我与吴师的首次交往，在到达学校的第一天。

当晚，他鼓励我学好专业。我不仅获得了肯定的回答，还得到了意想不到的允诺：学习中如有什么困难和疑问，尽可随时来找他！从此开始了吴师与我五年的教与学的师生之谊。

在校五年，这真是不平凡的五年！从进校开始，我们经历了反右运动的后期、三面红旗（社会主义总路线、“大跃进”、人民公社）、除四害捉麻雀、大炼钢铁、“反右倾”、反苏修中苏论战、三年严重困难……在这一波接着一波的政治风浪中，我们展开了学园生涯。

因为我们处在生物系内，前两年的基础课基本是生物学科的各种课程，包括动植物学、微生物学、动植物生理学、遗传学（摩尔根学派与米丘林学派是分开教学的）、生物物理与生物化学等，当然还包括外语、高等数学以及政治课程。

后三年主要为专业基础课（和人体结构有关的人体解剖学与组织胚胎学尤为重点，此外生物统计学亦然）与专业课，吴师一贯主张基础越厚实越好，特别添加了许多与古人类学有关的专题课程，例如地质学的基础知识，为此还专门安排我们去杭州进行地质学实习。他还聘请他留学英国时的老同学——南京博物院的曾昭燏先生为兼职教授，为我们讲授考古学。

除上课外，吴师还为我“开小灶”，单独讲授骨骼测量学的难点，甚至手把手地教我测面骨扁平度，特别是厘定头骨上的测点，有些测点颇为难定，例如枕外隆突点（i，inion），按定义是，将头骨置FH平面时枕外隆突的最后突的一点。但头骨在演化过程中，早期为枕外圆枕，尚未形成枕外隆突，在朝现代类型演化时，枕外隆突由微现，到最后形成明显的枕外粗隆，甚至极度发育的枕外隆突呈鸟喙状，在这过程中，枕外隆突点呈现出动态而非静止状，如何确定此“i”点，就很棘手了。在这种情况下，吴师总是用探讨的口吻来教导我，还容许我谈自己的看法。后来我提出是否从演化的角度来厘定这一点，即以两侧的上项线在矢状面上的交汇点作 i 点，他一点也没怪我的幼稚提法，还鼓励我去进一步探索。后来在教我测眉间突度时，他用鼻根点（n，nasion）至眉间点（g，glabella）的弦长，在矢状平面上取作眉间上点，然后采用弦矢指数的方法对北京猿人的眉间凸度进行比较，以确定北京猿人在人类进化史上的地位。我的毕业论文《中国化石人类头骨脑颅的比较研究》是在吴老师直接指导下进行的，正好也有此项目的对比，我将眉间上点恢复到原先的 sg 点上，而非吴师所采用的由 n-g 弦长所定的点，另外又设计了“眉间突向角”来表征眉间的形态变化趋势。吴师告诫我，如没有特殊原因，无须变更已有的方法而另设他法；而且，已有一个指数足以说明问题，就不要再去设计同样性质的另一项指数。论证要简明扼要，而不是使之复杂化！吴师一向主张要多动手，多实践，忌死读书。从三年级开始，我就在吴师指导下进行科研，先后进行了关于“雪人”的探索、关于江苏省 MN 血型的研究等，在关于现代人肱骨的研究中，除了测量我校教研组的肱骨藏品外，我还去上海医学院和苏州医学院测量了大量肱骨标本。

吴师身为体质人类学学家，非常强调文化因素的重要性，除延请曾昭燏先生为我们上考古课程外，又主张开设民族志课程，何故？盖因他曾与他的朋友民族学学者陶云逵先生讨论人类学问题时，深受陶先生的影响。陶先生曾向他表示，虽然他（陶）本人学过体质人类学，但以后兴趣转向了民族学，愿意将以前所收集的体质人类学方面的材料，赠送给吴师，因为探索我国民族的起源和演化问题，从体质与文化两个方面进行至为重要，现在他们各占一方，经过若干年的研究后，殊途同归，问题定能获得很好的解决。吴师对此见解也极以为是，所以平时甚为鼓励我扩大阅读面，还推荐一些开阔视野的书给我看，若干年后我写出了《崛起的文明：人类起源的文化透视》一书，既从体质，又从文化来展示人类起源与发展的壮丽图景，吴师的教诲终有了回应。

除吴师外，其他老师如刘咸、赵一清等都给我们很多有益的教导和丰富的人类学基础知识。提到刘咸老师我不免忆起在校的一件往事：刘老师曾因《从猿到人发展史》（1950）一书受累，被认为在该书中宣扬了“唯心主义观点”而被批判；反右时刘老师又遭整，命运对他颇不公平，故刘咸老师平日行事低调，主要给我们讲授古人类学（1959）并设有民族志课程（1960）供选修。我与奚姓同学为共青团的干部，挟此“政治资本”而去选读刘老师主讲的民族志课程，原本按教学大纲有29章，后因说这是“资产阶级课程”，只讲到第9章就被迫停课。好在刘老师已将讲义编好，送给我们自修之用，至今我还感怀在心。

在大学时代我还干了一件蠢事！20世纪50年代，全中国刮起了“大跃进”的狂潮，什么土法大炼钢，粮食亩产要放几万斤的“大卫星”！人们像疯了似的发出许多不切实际的“豪言壮语”，大学生们各自寻找目标要“赶超”。我们人类学专业有人要搞百年“长寿”，跑到老人院到处找人抽血化验，吓得老人见到我们的人就躲。当时我的头脑也发热，竟提出了要“赶超”裴文中！不久，裴老为拍摄《中国猿人》电影来到上海，顺便到复旦大学人类学教研组来访问。在与我的业师吴定良教授交谈中，吴教授告之有位要“赶超”他的学生，裴老听后说：“很好，叫他来，让我见见。”当时，我被吴教授叫去，怀着惴惴不安的心情与裴老见面，这是我第一次见到裴老。见面后，他给我不少鼓励，我不知当时给裴老留下了什么印象，但那次会面使我对裴老产生了敬仰之心。

1961年，吴定良教授带领我们去北京周口店实习，在龙骨山上，遥想当年我读裴老写的书时，还是个尚不知事的少年，而今日终于来到了中国猿人的化石产地，感慨万千。在吴教授应允下，我特地去拜访了裴老。在裴老办公室里，他没有忘记我这个不知天高地厚的年轻人，谆谆教诲我如何来“赶超”，他说首要的是打好坚实的基础，尤其是外文不能放松。基础是多方面的，研究人类起源是座四轮马车，四个轮子分别是古人类学、史前考古学、第四纪地质学和哺乳动物学，缺一不可，否则马车行不了（当我被分配到中国科学院古脊椎动物研究所之后，在裴老讲课时又听到这个教导。以后，我自己在讲课时也不止一次地介绍裴老的这个观点）。其次，要我多动动脑子。后者的提出是因为当时我向裴老讨教，如何理解北方有中国猿人，为什么南方也有？即孔尼华教授在香港中药铺龙骨堆中居然也发现中国猿人化石，即“中国猿人药铺种”。裴老讲是从北方迁徙来的。裴老又提出南方的猿人还会迁移回去时，我大惑不解，他即要我多动动脑子想问题。告辞时裴老送我一些他著作的单行本，这是我在大学时代第二次见到裴老的情景。

1962年，我毕业了，是年9月我被分配到中科院，于是结束了学生生活走上社会，开始新的生活。

虽然在一波接着一波的政治风浪中展开了我们的学园生涯，但学习生活并没有因此受到严重的干扰，这五年中在老师们的辛勤教导下，我们获得了有关人类学广泛的基础知识。以吴师为首的复旦人类学专业，到20世纪80年代中期一直是我国高等院校中唯一培养体质人类学人才的摇篮。在近十年的时间里，培养了本科生80多人，研究生与进修教师十多人，其中不少人日后成为承担人类学教学与科研任务的中坚力量，我有幸成为其中的一员！

中国科学院古脊椎动物与古人类研究所

1962年9月，我被分配到中科院，自后成为古脊椎所古人类室的新生一员。研究所的老先生们以讲座的形式，为新来者进行专业基础课程的训练，这些老先生包括杨钟健（脊椎动物的演化）、裴文中（第四纪地质与哺乳动物学）、周明镇（古脊椎动物学）、贾兰坡（石器时代考古）和吴汝康（古人类学）。同时，古人类室正编《人体骨骼测量手册》，我们几位新来的大学生被要求从大量骨骼标本中寻找典型特征的例证。所以，通过这些训练，我们的专业基础是相当厚实的。

1964年下半年，我参加“四清”工作队来到河南省许昌市，我所在的分队主要活动在灵井砦。灵井砦是个小村庄，位于许昌市西北约15千米处。砦外西侧有个池塘，原是一个名叫“灵井”的古水井，20世纪50年代“大跃进”时期，它被村民挖深拓宽成为贮水池塘。

1965年开春，“四清”工作队开展植树活动。一天清晨，我在灵井砦的池塘边上挖树坑时，突然感到铁锹碰到什么硬物，挖出一看，原来是一块乳白色的石英石，看看周围均为灰白色的粉砂质土，而这种砂土中似乎不应有这类岩石出现。当时我脑子里突然联想起一件往事：早在1921年，瑞典学者安特生在北京周口店龙骨山考察时，正是碰上几小块石英石碎片，引起了警觉，从而导致了著名的北京猿人遗址的发现。现在从粉砂土中出现的这块石英石，是不是也会有点名堂呢？于是我就询问身边一位参加挖树坑的年轻社员：“这里怎么会有这种石头，多不多？”他告诉我，当地人称这种石头为“马牙石”，还说这种石头别处不多见，倒是在这种砂土中时有发现。我随即问道：“除了‘马牙石’外，这里还有没有发现什么别的东西，譬如‘龙骨’？”此时我身边的另一位小青年说：“有‘龙骨’，不仅有‘龙骨’，还有‘龙齿’，我家就有。”

当晚，我就到说家中有“龙齿”的那位社员家里去查访。拿来“龙齿”一看，原来是马的下臼齿，石化程度相当深，上面还沾着黄色的细砂。当时我被分配的任务是抓青年工作，我就利用与青年社员频繁接触的机会，进一步了解情况，发现几乎家家都存有一点“龙骨”和“龙齿”，社员们说是可以做“刀枪药”。此后，我就开始收集这些“龙骨”和“龙齿”，结果发现化石种类还不少。同时我还在池塘周围仔细搜查，不仅发现更多的石英石碎片，还找到不少黑色燧石质的碎石片，其中竟有人为加工的痕迹。特别是在社员的指引下，在池塘旁一社员家的菜园子里，发现一大堆当时挖水塘时残留下来的砂土。翻动这堆砂土，从中竟找到采用“压削法”制作的典型细石器器物：有黑燧石质细石核和只有火柴棒大小的小石叶，还有动物化石遗骸碎片，包括鸵鸟蛋壳碎片，甚至还找到了胶结有细石器的骨化石。据社员称，这种富含石器和动物残骸化石的砂土堆积物来自地表下 10 米深处。

由于当时我是“四清”队员，对这些发现并未声张，只是独自悄悄地进行搜集。“四清”工作结束后，我们科学院的同志留下来进行“劳动锻炼”，我就利用劳动之余去作进一步的考察和采集，几乎每天都有收获。回到北京后，我将自认为最好的细石器标本挑出，送到我的老师裴文中教授那里，很快得到他的确认，是典型的细石器！没想到，偶然的发现竟有如此大的收获！于是在裴老的指导下我开始对中石器时代与细石器的专业知识进行补习。经过核查，资料表明细石器器物最早发现于长城以北地区，新中国成立以后在陕西大荔的沙苑有所发现，打破了细石器器物只存在于长城以北的说法。如今在河南灵井砦也有了细石器器物的发现，灵井砦在黄河以南约100千米处，附近有淮河支流——颍河流过，表明细石器典型器物不仅跨越了黄河，甚至到达了淮河流域，在地域上，细石器文化遗存已进入中原地区，这在细石器文化发现史上不能不说是个突破。鉴于此，1966年我以简讯形式披露了这一重要发现。

灵井发现细石器的消息引起安志敏先生的重视，特抽出时间来我处考察标本。从此我就在安先生的悉心指导下，对灵井细石器器物进行鉴定与深入的分析研究。

1966年北京大学地质地理系学生郝守刚在东胡林村西发现了村民修梯田挖出的人骨化石，我与尤玉柱到现场进行考察和发掘，发现了螺壳项链、骨镯及打制石器等石器时代的文化遗物，我判断该遗址可能属距今一万年的新石器时代早期文化遗址。

1966年底，我又参加山西大同煤矿万人坑死难矿工尸骨的清理工作。次年4月至7月，我再次前往大同作进一步的清理。最后对全部鉴定资料的复核、分析研究以及总结报告的撰写主要由我完成。此外，我还参加了万人坑阶级教育展览工作，为此去了徐州与涿县，访问死难者龚瑞海和袁廷宣的家属，大同煤矿万人坑阶级教育展览被我一直办到了北京。对200具死难矿工尸骨所作的人类学研究成果，成为清算日本军国主义侵华罪行的有力证据。

1971年，浙江省博物馆欲举办生物演化与人类起源展览，派人来我所求援，我被派往前去协助。后来展览被定名为“劳动创造人”，我的主要任务是撰写大纲、细纲、版面文字，乃至讲解词的文字稿。此外我还参与版面形式的设计和展品的配置，展出后又亲作讲解示范。在这半年多的时间里，科普工作成了我的“正业”，在办展览上我也学到了一套本领。

“劳动创造人”展出之后，我萌发了科普文章的创作欲望：先后写出了《人类起源的故事》和《人怎样认识自己的起源》的书稿。次年《化石》创刊，该刊首篇文章就是《人怎样认识自己的起源》初稿的第一章。《化石》第 2 期发表了我的第二篇文章《现代的猿能变成人吗》，想不到这是篇惹火烧身的倒霉文章。

1973 年底，我参加发掘元谋人化石产地，系统地学习和掌握整套的野外考察和发掘方法。次年年初，在元谋盆地我发现了丛林箐旧石器文化晚期地点和大那乌细石器制作工场，采集了甚多细石器的标本。典型的细石器器物首先获得正在元谋盆地考察的裴老的确认。大那乌、灵井及东胡林这些地点发现的材料，在整理与研究过程中均获得安志敏先生的具体指导，而且研究报告也经安先生的审核后，先后发表在他主编的《考古》杂志及以后创建的《北京自然博物馆研究报告》上。自河南灵井细石器器物发现之后，除体质人类学这一重点外，在裴老和安师的指引和教导下，我开辟了研究的新领域，“中石器时代”文化使我产生了强烈的兴趣，遂成为我考察与研究的另一重点，自后我也就慢慢地跻身史前考古研究者的行列中了。然而，这在分工严密的科学院里可算是“侵犯”别人领域的“不法行动”，像我这样做的还有另外几位同志，以致有人嗔怒地说：“搞人头的人也来摸石头，我们吃什么？”甚至还讥讽我们是“票友”。

在征得了地质博物馆胡承志的同意后，与他共同进行元谋人牙详细的再研究，该论文在1979年发表。尼克松访华，重开了中美交流大门，首个美国古人类考察团来华访问，在访问古脊椎所时，我为考察团介绍了元谋人化石的发现与研究概况。

1975年9月至次年2月，杜治、王纯德两位资深摄影师与我一道，为《中国古人类》画册作山西、陕西、贵州、云南、四川、广西和广东七省22个古人类遗址摄影之行。一下走了这么多遗址，实在受益匪浅，尤其对比了长江与黄河两大流域史前文化遗址丰富的文化内涵，形成了我关于中华古文明的多元起源观，最后在学术上正式提出了“长江——中华古文明的另一摇篮”的观点。此外，在广西柳州白莲洞内发现甚多残存堆积物，为我今后进一步探索中石器文化埋下伏笔。

是年，《现代的猿能变成人吗》引发“争论”，读者Y. H. 在《化石》本年第1期上对我“人类起源和发展的过程是在特定的环境条件下进行的”观点进行批判，认为地球上“根本不存在什么特定的环境”，严厉批判我“混淆了内因和外因的辩证关系”。这在当时我可算是犯了“政治错误”。没想到在下一期《化石》上连发上海和泰安青年工人支持我的两篇文章。那时我对马克思主义的人类起源观深感兴趣，写有不少有关这方面的自然哲学论文，其中一篇文章《人类起源内因初探》隔年发表在《古脊椎动物与古人类》学报上，正是由于它，我的“人生之途”发生了急遽的变化。

1976年，古脊椎所在京召开“纪念恩格斯《劳动在从猿到人转变过程中的作用》写作一百周年报告会”，为表紧跟党关于工农兵占领科技舞台的忠心，所领导特邀请解放军战士赖某、武汉工人袁某与会，并将之奉为上宾，要在大会上发出“无产阶级革命派的最强音”！

袁某到京的当晚即来找我论理，原来他就是写文章批判我的“Y. H.”！他说我的特定环境论实际是唯心主义的外因论云云，我只是姑妄听之。最后他似有什么重大发现地提出，“第四纪”这个名字不好，他要将之改为“人类纪”！对此我就详细地告诉他第四纪名称的来历，最后我建议他去周口店看看北京人遗址的堆积层，定会有很大的收益。当时已很晚了，我留他在家吃晚饭。袁某一回所可了不得，马上向所革委会控告我，说我用“臭知识”来吓唬他，还用晚餐来“腐蚀”他！第二天我几乎成了阻挠工人阶级登上科研舞台的反动分子，加上那篇“现代猿变不了人”的文章挑动“工人斗工人”，我成为众矢之的，非要我认罪不可。我就是不认罪！搞得所领导也不知所措，竟求我“哪怕认个错儿也行”，可我表示连错也绝不认！双方对峙之时，恰好“四人帮”被粉碎了，我终于得到了解脱。

“四人帮”垮台后所内要出版一部《人类发展史》，由老、中、青（林某与我）三结合写作。这本是好事一桩，可惜只能按老者意图行事，容不得别人的想法，与我性格不合，故而自动退出不再加入。恰好我的《人怎样认识自己的起源》初稿被推荐到中国青年出版社，为副总编辑王幼于先生接受，并要求我将6万字的初稿，加以补充，扩展成一本适合青少年阅读的科学史通俗读物，我应允了，不意竟然整出一本30多万字的书稿！后来分上下两册分别于1977年12月和1980年8月出版，上册首版印了20万册，以后还被法共外围组织翻译成法文在巴黎出版，封底上的评语宣称此书乃马克思主义人类起源观论著云云。

1977年3月，我赴湖北神农架追踪“野人”，早在大学时期我就对雪人之类的野人甚感兴趣。此次活动由中央、地方和部队三方面人员结合进行，古脊椎所成为“鄂西北奇异动物科学考察队”的主角，我担任科学资料组组长与第二穿插队队长之职。进山时我认为神农架野人存在的可能性为50%，在山上考察了六七个月后对神农架野人存在的可能性减为10%，而且还只是10%的线索值得进一步追索。

1977年《古脊椎动物与古人类》第15卷第3期上发表了我的一篇自然哲学论文《人类起源内因初探》，文章提及唐晓文在《劳动创造了人》一书中的“人类祖先身体结构上的、智力和适应能力上的条件可作为人类起源的内因”

的观点，对此我持有异议，认为这是“值得商榷”的。文章发表不久即传来消息，说此文犯了“严重的政治错误”，认为该文不是“批判”“四人帮”的走狗唐晓文，竟与他“商榷”，敌我不分、丧失了立场，对我进行“批判”，要我认错！“四人帮”已被打倒，极左思潮也遭否定，为什么还要以极左的心态来看待学术探讨呢？我想不通，实在想不通。当学报编辑部决定自己承担责任，准备“认错”作“深刻检查”时，我坚决反对，我有什么错？你们不要为我作检讨，我也决不认“错”！其时我正在神农架的深山密林中追踪“野人”，由此事而回忆起走进古脊椎所后的种种不公正遭遇，学术探索的重重阻挠，学阀作风的压抑，使我突然萌发出离开古脊椎所的想法了。

1979年，我对所谓“学术错误”的申诉最后经由几位院领导的批示，要我检讨之事也就不了了之，但古脊椎所已不再是我想久留之地，我进一步正式提交了离开中科院古脊椎所的报告，自然经过好一番的周折，终于获准。其时裴老已接任北京自然博物馆馆长之职，深感该馆缺乏古人类学科班出身的专业人员，于是建议我去组建古人类室，这也正契合我追求新生的愿望，同时也未割断与古脊椎所的联系，因为北京自然博物馆毕竟是古脊椎所的姊妹单位。当年9月，我正式离开工作了17年的科学院，前往博物馆重构我人生的新征途。

细想这17年的古脊椎所生活，真给了我多方面的培养和锻炼：科研上的严谨性，独立地开展野外考察、组织大型发掘的本领；学会了写科普文章，设计和布置科普展览，树立科普是“正业”而非业余之举的观念。17年的古脊椎所生活也培养了我坚毅的性格，使得我行我素特立独行的举止非但没有减弱，反倒有所增强，不知是幸事还是祸事？我不是一个循规蹈矩的人，丰富多彩的科学园地本应任人驰骋，然而在分工严明的科学院里，除分配于你的岗位，不得跨越雷池一步，否则大逆不道。这是一个论资排辈的王国，它压抑个性，我无法忍受，俗语曰“树挪地方死，人挪地方活”呵！

北京自然博物馆

我正式到博物馆工作时，正是北京人第一个头盖骨发现50周年纪念前夕，中国科普出版社与美国时代生活出版社拟联合出版一本《北京人》图文专集，约请我当撰稿人。裴老鼓励我勇挑此担，还亲任顾问做我后盾，并亲自带领我去周口店发现第一个头盖骨的现场进行详细考察。裴老对我撰写的文稿详加修改，尤为重要的是，他认为北京人第一个头盖骨的发现固然重要，然而首次辨认出北京人制作和使用的石器，其意义更为深远，为此他特地亲笔撰写大段文字来说明：

> 安特生虽然指出周口店有外来石块，但早期发掘者，只是注意人类化石的寻找，一直到1929

年秋季，裴文中才在下洞里找到三四块石器，认为可能是人工打制的，后来又发掘鸽子堂东部，又发现了大量的石英碎片，与人化石共处于同一地层内，于是裴文中就采集这些石片，等把它们运到北京之后，当时的翁文灏所长就说，你把这些破东西运回来干吗？若扔到马路上去，人家清洁夫，一定要骂你一顿。裴文中心中不服，于是就低头研究起，什么是人工打的痕迹，什么不是人工打的痕迹，自己就暗中摸索，但是这一切没有引起人们的注意，到后来翁文灏决定请法国史前学权威步日耶来判断，这才使他信服了！后来裴文中又去法国，一直到现在，几十年中仍然研究这个问题。在新中国成立以后，我们又看到了恩格斯所说“劳动创造人”，“人是制造工具的动物”。北京人有了工具，才确认他是人，不是猿了！裴文中这种专心研究、百折不回的精神是值得特别注意的。

我想，裴老记述的这段往事，大概是他在漫长的北京人发掘与研究生涯中，最为在意，也是最自豪之处了，这提示了我，在学术探究遭到否定之时，更要百折不回坚持到底，而且必须有自己的东西，而不是人云亦云。

在撰写此书同时，我投身于寻找在第二次世界大战中失踪的北京人化石的工作。1992 年中日复交 20 周年，趁在日本大阪举办“北京猿人与大恐龙展”之机，我在日建立“北京人化石回归委员会”，达到寻找失踪的北京人化石的高潮。在追寻遗失北京人化石上我做了力所能及的工作，虽然我没找到确凿的证据，但我的直觉是：没丢失，可能被人藏匿了！

1982 年，在裴老指导下，北京自然博物馆与柳州博物馆合作，对 1956 年裴老等发现的柳州白莲洞洞穴遗址进行联合发掘，我具体领导了这次发掘和研究工作。1991 年，我在自然科学基金会的资助下，开展新一轮的研究，由来自国内 6 个著名学术机构的 14 名专家，进行新、旧石器时代文化过渡问题的探索，取得了突破性的进展。对“白莲洞文化系列框架”，即旧石器文化经由中石器文化向新石器文化过渡过程的识别与确立，为中国存在中石器时代文化提供了确凿的证据。

事实上，无论许昌灵井，还是元谋大那乌，甚至北京东胡林发现的文化遗存，都牵涉从旧石器晚期过渡到新石器早期，即“中石器时代”的原始文化问题。自河南灵井细石器器物发现之后，除体质人类学这一重点外，“中石器时代”文化使我产生强烈的兴趣，遂成为我考察与研究的另一重点。

1956 年发现元谋人两枚牙齿化石，1973 年对化石产地进行发掘，获得了元谋人所制作的石器及大量炭屑，不久公布了古地磁学测定元谋人的年代数值。此后，学术界就元谋人究竟是何种类型原始人，生存年代是否古老以及能否用火，发生很大争论。

我自1973年参加发掘化石产地以来，特别是到北京自然博物馆之后，全身心投入元谋盆地人类考古学工作，历时35年，就以上争论进行深究，除探究元谋人化石形态特征外，还延伸到其文化，甚至究其来龙去脉。我率领野外队在元谋盆地展开长期的人类考古与发掘，收获颇丰，发现石器时代各阶段的文化遗存，特别是1984年发现元谋人胫骨化石，对认识元谋人在人类进化过程中的地位具有重要意义；经过35年多方位和深入的研究，在众多学术单位和学者的支持下，最终证实了元谋人确是我国迄今发现的最早的原始人代表，在现有材料基础上，坚实地将中国历史的开端推向距今170万年前。随着早期人类化石新材料的不断发现，新的对比研究致使对元谋人的认识不断深化。新研究表明，元谋人化石形态特征的许多特点可追溯到非洲的南猿及能人与匠人标本上，从而提示我们，元谋人化石可能是早期人类“走出非洲”来到欧亚大陆的佐证，元谋人成为联系亚非大陆早期古人类的桥梁。

“人之由来”是20世纪80年代我从事普及有关人类起源科学知识系列活动的总名称，包括大型展览、科普读物及画册等，这是我关于“认识自己”的重大科普宣传工作。当时我在北京自然博物馆担任业务馆长，负责馆内“人类起源”旧展览重新布展的任务。我力图打破旧有观念，真正从自然史的角度，从自然科学的角度阐述人类起源与进化的历史和人类个体发育、发展的进程，从而打破人对自身的神秘看法。我将新展览命名为“人之由来”，原定于1988 年 8 月开幕。

为了获知未来观众对展览内容的期待，我预先将设想的展出内容于 1986 年交由民族出版社出版成科普小册子《人之由来》，该小册子还译成了维吾尔文、朝鲜文等。读者的反响还不错，实际上也为未来的展览作了广泛宣传。1988 年已完成的“人之由来”在预展期间又广泛听取了改进意见，进行了适当修改，本拟当年 8 月对外开放，不意遭到不必要的干扰，上级领导要我修改三处：添上“劳动创造人”的口号，去掉中石器时代内容和去除“个体人之由来”中的男女相拥的照片。我拒绝修改而引发很大争论，“人之由来”被延续到当年 10 月才正式对广大观众展出，展览受到广大观众的热烈欢迎，光开幕那天，观众人数竟近两万人！这个展览作为基本陈列，在北京自然博物馆内展出达 20 年，每年馆内观众人数为 45 万～50 万人，也就是说，观看这个展览，接受人类起源科学知识普及教育的观众达到 1000 万人次！

结合展览伊始时的争论，观众在观看展览内容时提出的疑点，1991 年由中国国际广播出版社出版了修订与补充新材料的《人之由来》通俗读物。在该书的封底上，加有一段编辑同志撰写的说明词，很有意思：

我是人，你是人，他们也是人。

人是什么？人从哪里来？人如何获得了为人

的一切？人的生命之途有多远？人类未来的命运又如何？人类社会越进步，人越需要也越能够了解自己。著名人类学家、科普作家周国兴的科普新作《人之由来》用生动有趣的事例、国内外最新的研究成果、独特的学术观点以及大量的图片深入浅出地回答了这些看似简单但却深奥无比的问题。阅读本书不仅可以获得丰富的人类发展史的知识，还可以获得作为人的自尊和自信。

1992年，河南海燕出版社出版了大型彩色画册《人之由来》，1996年，该画册荣获第三届全国优秀科普作品一等奖。1999年，浙江少儿出版社出版了少儿版《人之由来》。

2009年，作为“少儿科普名人名著书系”之一的《人之由来》新版出版。它保留了1991年《人之由来》中古人类起源与进化的部分，不作改动和增删，以保持20世纪80年代《人之由来》科普作品的原本面貌，同时添加附录，即一个中学版“人之由来”展出纲要，将之置于其后，以达到反映人类起源的最新研究成果的目的。事实上，作为一名科普工作者，我有责任来反映学科发展的前沿信息，引导读者改变旧的观念，跟上时代前进的步伐！

我本想筹办一个中学版“人之由来”展（后因种种原因未如愿），那是因为我从网上获悉，中学将要进行人类起源和达尔文物种起源知识的普及教育。我从网上恰好也看到，为了辅导中学生物老师教好这两门课，所引用的参考文献竟是我的两篇科普文章！于是我参照网上的教学大纲，结合人类起源研究的最新资料以及我从事古人类学考察的经历和研究成果，精心地撰写了这份适合中学教育的“人之由来”展出纲要，最后以“为中学生设计的‘人之由来’博物馆”为题，作为附录附在新版《人之由来》正文之后。

自 1971 年以来，多年的科普工作使我深深体会到：一位称职的科学家不仅应当潜心探索大千世界的奥秘，而且应当将他的科研成果普及于全社会，从而帮助人类认识自己。我希望能与更多的同行携起手来，为普通百姓提供更多的科学的“镜子”，希望更多的人，从这些“镜子”里找到自己。

1997 年我达到退休年龄，但我续签在馆内又工作了 3 年，现在我仍以“驻馆专家”的身份不时到馆内走走，提些咨询意见。20 多年来，北京自然博物馆内的广阔天地任我驰骋，人类体质与文化的研究并举，学术研究与科学普及交替进行。1987 年后我还担任业务馆长之职，博物馆学亦进入我的研究领域，经我倡议和参与建立了 9 座博物馆！

退休之后

1997 年退休，我是退而不休。

新世纪里，我出版《白莲洞文化——中石器文化典型个案的研究》（2007，广西科技出版社）和《穷究元谋人——我的元谋盆地人类考古学研究30年记》（2009，云南科技出版社）两书，它们是边撰写、边调研的产物：

《白莲洞文化》

该书是白莲洞文化研究的全面总结，通过白莲洞文化这个中石器文化典型个案的研究，论证了中国中石器文化的真实存在，并据此深入探讨华南地区的石器时代文化如何从旧石器文化，经由中石器文化发展到新石器文化的演变过程，其学术意义的重要性不言而喻。而且该书还增加章节以阐述“中石器时代与文化”概念的创立、演变历程与现况以及以现代民族志资料来加深对中石器文化的感性认识。

《穷究元谋人》

该书不仅全面深入地反映了这一探索过程，而且，元谋盆地许多重大考古发现与研究成果，作为元谋人化石研究背景的世界早期人类化石发现与研究的新进展以及我国早期古人类研究现状的评述等，均悉数收纳于书中。实际上，该书已成为我国与世界早期古人类学研究的专著。

两书的摘要：

白莲洞文化遗存的研究，探索的是中国是否存在中石器时代与文化的问题——

★证实了中国存在中石器时代与文化。

★提出“白莲洞文化系列”，表现了从旧石器时代经中石器时代到新石器时代文化的转变过程。

★提出了中石器时代与文化是“动态过程”和“中石器时代革命”的概念。

★论证“重石”是万能工具。

元谋盆地的人类考古学工作是探索中国早期人类起源的问题——

★确立元谋人是早期类型直立人代表，是我国目前已发现最早的人类化石。

★论证元谋人典型形态特征起源于非洲早期人类，元谋人是联系亚非古人类的桥梁。

★在世界人类起源研究新成果的背景上检讨我国早期人化石研究的现状，发现一系列误判的实例，对我国古人类学研究中的华而不实的浮躁心态敲响警钟。

★对中国古猿的研究，提出其演化的可能途径。

★在研究云南元谋大那乌细石器时曾发现非典型的细石叶技术，可谓“大那乌剥片技术”，是值得深入研究的特殊工艺。

两书的特点：

★书中的专业研究与科普知识传播（特别是科学方法论）两条红线交替进行，致使两书成为有关早期人类研究的百科全书式新型论著。

★每书都增加一个章节反映研究过程，以示对事物的认识如何随实践深入而深化，并使用大量精美的图片以增强直观性。

其他还有已完成但未出版的书稿《大同煤矿万人坑》，以及正在撰写的《追踪“野人”五十年》与《我的探索生涯》。

3 岁时也许已在考虑我是谁？从哪里来？

70 年后在考虑：我们将走向何方？

20 世纪 50 年代在复旦大学校园

1961年吴定良带领我们在周口店 15 地点

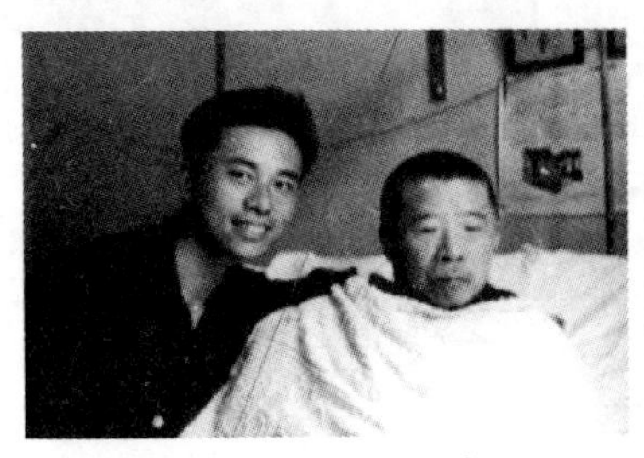

1965年在吴定良病榻边

六七十年代在古脊椎所

1966年在大同煤矿万人坑

在柳州白莲洞遗址

在云南元谋盆地

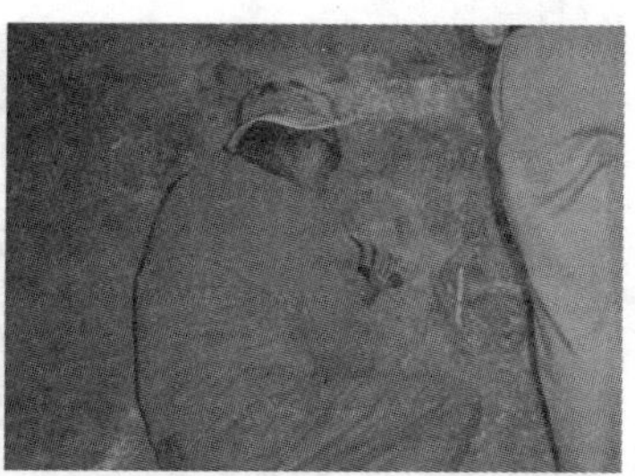

在南非斯特克芳汀考察

在法国克罗马农人遗址

与托疟阿斯教授观察南猿之“汤翁幼儿”头骨

与美国历史频道摄制人员在湖北神农架

现代的猿能变成人吗[①]

无论在“北京猿人展览馆”里，或在学校的课堂上，经常有人提出这样有趣的问题：现代的猿能变成人吗？不能！为什么不能呢？这里作了一些简明的分析。

一 猿和猴是不相同的

常常有人这样问我们：现代的猴子能变成人吗？也有人问，现代猿猴能变成人吗？首先要说的是，猴和猿是不相同的，猴子比猿类在生物学分类上要低得多，也就是说，在接近人的程度上，在与人的亲缘关系上，猴比猿要远得多。现代的猴、猿及人在动物系谱上同属灵长类，猴类中有低等的狐猴和眼镜猴，也有较高等的新大陆阔鼻猴类如卷尾猴，还有各种各样的旧大陆狭鼻猴类，我们在动物园里看到的金丝猴、叶猴、狒狒、猕猴等都是，尤其是猕猴，在猴山上活蹦乱跳，到处追逐，一片喧嚷的打闹声最逗人了。

猿类也属狭鼻类，因为它们外貌和人类最为相像，科

---

① 原载《化石》杂志，1973 年第 2 期。

学上称它们为“类人猿”，它们在血统关系上，也确实与人很相近。现代的类人猿有亚洲的长臂猿和褐猿（猩猩）；非洲的大猿（大猩猩）和黑猿（黑猩猩）。猿和猴外形上最显著的区别是，猿类没有尾巴、颊囊和屁股上的胼胝（臀疣），只是长臂猿有臀疣（它是低级的猿），猴子却统统具有这些结构。此外，在发展水平上，猿类有明显的进化。因此，问题要提得更为确切的话，可以这样提：现代的“猿类”能变成人吗？

为什么会产生“现代猿能否变人”的问题

我们认为主要有两个原因，一是说明人类起源的科学理论深入人心。随着生产的发展、科学的进步，人们的认识水平大大提高，在正确思想指导下，逐渐懂得了人是动物长期历史发展的产物，是由古猿变来的，社会性的劳动实践推动了这个从猿到人的转变过程。马列主义关于“劳动创造了人本身”的辩证唯物主义和历史唯物主义的科学论断已日益为广大群众所接受，人们不再相信人是什么神啊、上帝的“特殊的创造物”这类鬼话。人既然是由猿类变来的，我们很自然地会联想到现代猿类能不能变人的问题了。

其次是现代猿也确实与人太相像了，根据近代研究的结果，人与猿的相似之处相当多，在这里当然没有必要一一全列举出来，我们想选几点最为显著的介绍一下。例如，在身体结构上，骨骼和器官的排列方式，脑、胎盘和阑尾的特点等，猿类要比猴更为接近人。

现代类人猿大脑的外形和沟回的构造与人类的很接近，小脑均被大脑覆盖，同猴类相比差异较大，低等猴类的小脑未被大脑覆盖；现代类人猿和人类的盲肠上均有阑尾，而绝大多数猴类没有阑尾；现代类人猿和人类均是单胎盘，而猴类是双胎盘。

再如，猿类具有与人相同的血型，这是其他动物所没有的，说明了猿和人有亲密的血缘关系。猿类有许多“似人行为”，有些举动可像人呢！它们会学着人那样梳头、刷牙，甚至还会穿针引线缝手帕。更不用说类人猿的表情，特别是幼仔，与人的相似程度可高了，你看两者的哭泣、欢笑和惊奇的样子，难怪人们不禁要问：现代类人猿能不能变成人呢？

变人的古猿与现代猿大不一样

现代猿究竟能不能变人呢？回答是：不能。这样回答武断吗？不，一点也不。现在让我们来谈谈为什么现代猿变不了人的道理。首先要了解能变成人的是古猿，现代猿跟它是很不同的。

大约在二三千万年前，热带和亚热带的森林里曾经生活着一类古猿，它们是我们人类和现代类人猿的共同祖先。事物的发展是不平衡的，其中的一支在长期的历史过程中发展了一些后来能够适应地面生活的特点。它们在树上活动时，由于生活方式的影响，前肢愈来愈多地从事其他的活动，不仅用以攀援，还用来摘取果实和拿住食物，或在树丛里搭棚筑巢，或用以执棒、投击果实和石块来御敌，特别是采用荡秋千的方式——“臂行法”在树上移动身体，因此前肢就和后肢在使用上有了较为明显的分工，在构造上也就逐渐有了初步的分化，但是，还远未达到专门化的程度。根据现代科学研究的结果，这些人类的远古祖先的前、后肢的长度是差不多相等的，或前肢稍稍长于后肢。它们不仅在树上生活，有时也下地来活动，在前肢帮助下能半直立地行动，甚至偶尔还能直立起来。此外，它们的适应能力和智力逐渐比其他猿类发达起来，群体关系也比较密切。由于在长期发展过程中具备了这些特点，使它们以后能适应逐渐变化的外界环境条件，在千百万年的进化过程中，它们通过地面的劳动生活，发展为双手解放、直立行走的人类。

现代类人猿呢？它们的祖先是从古猿中发展起来的另一支。它们长期生活在树上，也使用“臂行法”，当环境逐渐发生变化时，它们并没有脱离树栖转而到地面生活，而是随着森林南迁，与原先生活在南方森林里的猿类一道，基本上一直在树上生活。长期的树栖生活使它们的生活习性和身体结构朝高度适应树栖生活方式的方向，特别是朝“臂行法”的方向专门发展了，以至经过漫长的岁月之后，身体结构起了显著变化，完全成了一类特殊化的树栖动物，它们不仅与直立的人类大不相同，跟共同祖先的古猿也明显有别。在动物的发展史上，过分专门化，即特化发展之后，再要改变它的发展方向是不可能的。现代类人猿正是这类走进了这种特化的死胡同的动物。

只看到共同性而没有看到本质的区别

人们在提出现代猿能否变人的问题时，往往只是看到了人和猿的相同点，而忽视了现代猿和人的本质差别。人是高度社会化了的动物，人虽然是从动物进化而来，但已超越了动物界，摆脱了纯粹的动物状态。人能劳动，具有自觉能动性，能直立行走；现代类人猿只是动物发展的较高形式，它不会像人那样制造工具，进行生产劳动，也不能自由地直立行走。我们不妨看一看现代猿类的情况：亚洲的长臂猿和褐猿主要生活在树上，它们前肢很长，后肢相比之下短得多。非洲的大猿和黑猿，前者由于身体发展得过于笨重庞大，已不适应在树上活动了，现在大部分时间是在地面上活动；后者也常到地面生活，然而在过去，它们主要是在树上活动的。它们已在臂行方向上走得相当远了，使得前肢比后肢也长得多，虽然在地面上它们能轻易地站立起来，但极少用双脚走路，通常是双臂支撑，以捏成拳头的指节骨背面着地，因此是半直立姿势。

从上面的比较，我们可以看到现代人与现代类人猿在身体结构上的区别是多么大。具有共同祖先的这两支，在千百万年的演化过程中分道扬镳，各自沿着不同的方向发展，已形成不同的质。造成这一区别的原因在于人类进行的是地面的劳动生活，而猿类则是高度的树栖生活。生物进化的事实表明："有机物发展中的每一进步，同时又是退化，因为它巩固一个方面的发展，排除其他许多方面的发展的可能性。"① 不用说别的，单就身体结构而言，现代类人猿已不是我们远古祖先的类型，已不是共同祖先的古猿尚未专门化的样子，它们在树栖的臂行生活方式的专门化道路上发展得太远了，以至前肢变得很长，当它们下到地面活动时，行动十分笨拙，直立起来很不平稳，无法获得自由直立行走的能力，不能使前肢得到解放，这种缺陷无论如何已经无法补救了，不能获得自由的双手就不能从事劳动，因而也就没有转变为人的可能了。

人类起源和发展离不开特定的环境条件

我们光知道古猿本身有变成人的条件还是不够的，究竟是什么促使了人类祖先下到地面上而朝人类方向发展的呢？应当说其中还有一定的外界因素。我们根据现有的科学资料得知，大约在距今二三千万年前，地壳发生了较大变动，特别是中新世时期世界范围性的造山运动活跃起来，出现了喜马拉雅、阿尔卑斯、天山等山脉，在非洲东部则

---

① 摘引自恩格斯《自然辩证法》。

形成巨大的断裂谷。地球表面的气候也发生了显著的变化，到了上新世末，气候变化加剧，使得北极的冰川向南延展，造成了 300 万年前更新世开始时的一系列冰期和间冰期的交替现象；在热带地区则有相应的雨期和间雨期的交替。在这些地形和气候变化的影响下，原先热带、亚热带的森林逐渐稀疏起来，林中空地扩大、森林逐步减少而为疏林大草原所代替。环境条件的这种变化有助于古猿逐步改变树栖生活，而转向地面劳动的生活方式发展，所以人类起源是在一个特定的环境里进行的。现在的自然环境条件已和过去大不相同，特别是今天，环境日益迅速地被人类所改造着，再也没有使猿类转变为人的环境条件了。也许有人会说，让我们来为现代猿创造这样一个环境不行吗？不行。人类起源不是十年八年就能完成的，而是经历了一个极其漫长的历史过程，而这个千百万年漫长时期的历史环境又怎么能创造出来呢？同时，现代类人猿，正如我们已说过的，它们已是特化的动物了，已根本不是祖先的那种类型。历史是不能倒退的，要现代猿类退回到原先还没有专门化的祖先状态，然后再在一个人为创造的“特定环境”里来变成人，那是不可能的。

通过上面的一番分析，我们可以肯定地说，现代类人猿是不可能变成人的。事实上，它们已为数很少，处在濒临灭绝的地步了。

元谋盆地古人类考察记[①]

这是1973年云南元谋盆地古人类科学考察和"元谋人"化石产地发掘的纪实。在这次研究古人类的科学实践过程中，首次发现了"元谋人"制造和使用的石器、用火的遗迹以及中石器时代的细石器器物。

汽车离开昆明朝西北方向行驶，不久便在群山间穿行。虽已进入初冬时节，但这里依然是生机蓬勃的初秋景色。四周，山峦重叠，阳光在远处高峻的山岭上闪着金光。陡峭的山坡长满了葱翠的林木，山间分布着一个个肥沃的盆地——"坝子"，这里是许多少数民族聚居的地方。广大贫下中农在党的领导下，发扬冲天干劲，他们学习大寨，手舞银锄，劈山填沟，修造梯田，开挖水渠。昔日的荒山野岭，如今成了花果山，大地被打扮得如花似锦。

汽车时而进入石灰岩地区，这里由于富含碳酸的河水及地下水长期的溶蚀作用，出现了另一种特有的自然景观，奇峰异洞妖娆多姿，变幻万千……

汽车时而又在平坦的山道上奔驰，道旁行行挺拔的桉

---

① 原载《化石》杂志，1974年第2期，参加本文写作的还有张永兴。

树一闪而过，我们——一支古人类科学考察小分队正向元谋盆地进发。

一 这里就是元谋盆地

汽车爬上了马头山的山头，往左一拐，元谋盆地就出现在面前：大地平展如画，丘陵间梯田层层，这就是闻名于世的、我国南方有代表性的早更新世标准地点。

元谋盆地位于云南省北部，属于滇中高原上最低的一个盆地，海拔 1100 米，它南北长约 30 千米，东西宽约 7 千米，金沙江及其支系龙川江贯穿全境。盆地西缘由古老的前寒武纪变质岩系所组成，海拔约 1400 米，东部则由中生代侏罗纪、白垩纪的紫红色砂页岩构成，通常称为“东山”，最高处海拔达 2700 米。

盆地内的新生代地层主要分布在龙川江东岸的山前地带，形成五条大的“梁子”——丘岭，延伸向盆地的中西部。远在第四纪初时代，此处是一个大的湖泊，后来由于地壳变动，又经历多次冰川活动，才形成了如今的山河大势。由于元谋盆地内新生代地层，特别是下更新统（元谋组）地层很发育，出露较好，加之地层里保存有种类相当丰富的脊椎动物化石，很早以前就引起科学工作者的注意，并进行过一些调查、研究。新中国成立后，在党和毛主席的亲切关怀下，古人类学的研究工作得到了迅速发展，在这里陆续发现不少新材料。尤其是 1965 年，中国地质科学研究院地质力学研究所的青年地质学家钱方、浦庆余等人在上那蚌村西北小山包上找到了“直立人”(俗称“猿人”)的牙齿化石后，元谋盆地的科学考察以更大的规模进行着。现在，我们又满怀革命豪情来到这里，继续前两年的工作，准备进一步揭开远古人类历史之谜。

汽车沿着盘山道驶进盆地，越往下越感燥热起来，这里的气候是典型的亚热带大陆性气候（年平均气温 22℃左右，最高可达 42℃）。

“元谋人”会用石器

在一群低矮的山冈中，有一个高度约 4 米，四周为冲沟所包围的山包。7 年前，钱方等人就是在它的褐色黏土层中，发现了两颗石化程度很深的人类门齿化石，它们的形态特征与北京直立人的门齿基本相近。这是在我国南方首次发现的直立人化石。同时还找到一些动物化石。经研究，出产直立人牙齿化石的地层可能为下更新统上部（距今约 100 多万年)，也就是说，元谋人可能是目前我国已找到的直立人化石中时代最早的。

我们这次发掘，是在当地党组织和贫下中农大力支持下进行的，县领导机关支援发掘机械，发掘队伍近 50 人。科学工作者、工人、人民公社社员并肩战斗，推土机声响彻山冈。

清理产地表土层时，很快就传来了喜讯，发现了一些带有人工打击痕迹的石片、石块。石器是人类远古祖先征服自然、改造自然的武器。工具的制作标志着人具备了自觉的能动性，标志着人类远古祖先已最终脱离了动物界。然而我们还不能不抑制过分的高兴，因为它们是在表土里找到的，这就难以说明它的主人到底是谁了。因为打击石器的使用一直延续到人类历史的很晚时期。不过，它毕竟带来了宝贵的线索，其中可能会有元谋人使用的工具。

随着发掘工作的深入，不久，在发现元谋人牙齿化石的褐色黏土层中终于找到了三件有着明显人工打击痕迹的石器。元谋人是有制造和使用石器的能力的，这点我们确信无疑了。

元谋人所在地的小山我们已揭去了近一半，那里的哺乳动物化石不算多，然而这是含有直立人化石遗骸的化石层，说明这些动物曾和元谋人一起生活过。发掘工作中最令人兴奋的莫过于发现了密集的炭屑！

最古老的人类用火遗迹

"炭屑！"首先发现的同志惊叫起来。发现的炭屑不止一处。引人注目的是炭屑与哺乳动物化石"共生"的现象，发现有炭屑的地方就能找到动物化石，如有动物化石的地方大都也能找到炭屑。是自然火还是人工用火的遗迹？这是一个耐人寻味的问题。根据地层来看，这里是靠近湖边的浅水地区，黏土层中常夹有砾石或砾石透镜体，含有淡水螺的化石，哺乳动物化石上常有豪猪咬啃的痕迹等，说明了此处不可能是远古人类的住地。据分析，这些炭屑不像是火堆原处的灰烬，而是从附近岸上被雨水冲下来的，但距离似乎不会太远。

地层中出现炭屑的情况过去曾见于陕西公王岭蓝田人产地，那里有三四处，分布范围不大，最大的炭屑仅“肉眼尚可辨识”。据研究，它们可能是原始人使用火而遗留下来的，也就是说蓝田人可能已学会用火了。可是在这里，炭屑明显可见，细者小如芝麻，大者比黄豆粒还大。炭屑分布面积较大，而且上下达数层之多，层与层之间相隔30～50厘米不等。“用火”，在人类历史上是一件了不起的大事，用火使人类支配了一种自然力，是人类文化上的巨大进步。元谋人不仅制造和使用石器，看来可能还会用火呢！

爪兽——古老的动物化石

发掘了“元谋人”山，基本上搞清了化石的层位关系，我们决定扩大发掘面积，向东，也就是朝当时湖岸方向进行大面积的揭露。先采用炸药爆破，震松土层，然后用推土机掀掉厚厚的覆盖层。发掘场上炮声隆隆，机声嘎嘎，一片紧张繁忙的景象。我们不仅又陆续找到一些元谋人使用过的石器，更多的用火遗迹，还从原生层中首次找到了一种第三纪残留下来的古老的哺乳动物——爪兽的牙齿化石，为元谋人生存的时代——早更新世晚期又增添了一个有力证据。

1973 年冬，在元谋人产地发掘了 6000 多立方米的土方，虽然人类化石还有待进一步寻找，但辛勤的劳动已结出硕果。我们不仅找到了 14 种哺乳动物化石，其中有好几种第三纪的残存种，还发现了元谋人的文化遗物。尤其是大量密集的炭屑的发现，这对于研究人类用火的历史具有重大的价值，因为元谋人生活的年代，比迄今所知的人类最早用火的年代要早 100 多万年。

四家村的意外发现

真奇怪，地面上相当多的碎石片从哪里来的？据观察，不像天然存在的，它的人工打击痕迹太明显了。我们到四家村附近二三级阶地上进行搜索，龙川江开阔的江面展现在我们面前，江边大片的甘蔗田里有几株番木瓜树，累累的果实从叶间显露出来。快到返回驻地的时候了，找不到石器的原产地我们还不想就此作罢。突然不远处出现了一条相当大的冲沟，那里是否能找到揭开这个谜的线索？

果然，我们从冲沟的堆积物中意外地找到了一件典型的石器，跟大量的残石片一起夹杂在众多的砾石之中。

不久，经过发掘，我们从原生地层中找到了许多石器，这是属于旧石器时代晚期人类的工具，因为旧石器时代的文化是以打击石器为特点的。我们不仅在这里找到了打击石器，还从另外一些地方找到了同样性质的打击石器。

发现了细石器

雨，下个不停。我们冒着雨在山坡上细心地搜寻着。雨水造成了野外发掘工作的暂时停顿，但它却把无数的化石冲刷出来，而且这次为我们立了意想不到的大功。

在大那乌村附近的砖红色风化壳上常有许多白色的石英碎片，上面似有人工的打击痕迹，它们的意义何在？

在一条浅浅的小冲沟边，我们发现了一个令人惊讶的现象，有一件浑圆的砾石半埋在土中，它的表面经雨水的湿润，隐隐约约地显出砸击的痕迹，它周围的湿土色泽暗淡，上面还散布着一些燧石片，淡色的燧石碎片跟暗淡的湿土相比显得那么耀眼，有的地方经过雨水的冲刷连石片的细屑都暴露了出来。啊！这不是砸击石器的“工作点”吗？这里有石砧，还有石锤，它们上面都有砸击的痕迹。我们继续仔细地搜索，甚至找到了被古代人“遗忘”了的细小燧石工具——一个靴形的琢制得十分精巧的刮削器。在大那乌村附近，我们又找到了更多的“工作点”，难道这是细石器制作场的遗址吗？这个发现值得深入调查研究。

细石器是怎么来的呢？原来，原始人类的物质文化由旧石器文化向新石器文化过渡时，在积累了丰富的生产经验的基础上，复合工具（如矛、箭等）大量出现，为了更好地发挥工具的作用，石器普遍地朝细小精巧化发展。细石器从旧石器时代晚期大量出现以来，在不少地区一直延续到新石器时代较晚期。过去，我国发现的细石器主要是在北方找到的，现在我们在元谋地区也找到了它，意义是不小的。不仅填补了云南地区的空白，更重要的是经过初步研究，表明它具有自己的特点，与我国北方细石器文化有一定的差异，它代表了一种地域性的新的细石器文化。这充分地证明了人类的生产斗争及物质文化的发展都是按照同一个规律向前发展着的。

根据已发现的细石器材料看，其中有很多凹口深的刮削器，它们被认为是用来加工箭杆、骨针之类的器具的，这证明当时人类的狩猎活动已很发达。

一件磨光石斧的启示

记得1971年，考察队在元谋举办了“元谋猿人”小型现场展览，张二村一位叫杨毅的社员赠给我们一件磨光石斧。据这位社员提供的情况，我们到张二村石灰窑访问了那里的工人，并实地做了调查。我们发现那里的陶片、磨光石器不少，确实是一个新石器时代遗址。后来，考察队又在张二村河上游大墩子发现了另一个新石器时代遗址。这个遗址，经云南省博物馆多次发掘证明，是一个文化堆积厚、遗物丰富、保存良好、面积较大的新石器时代典型遗址，为研究云南地区原始社会提供了宝贵材料。这就是有名的距今3000多年的大墩子新石器时代遗址。

新石器时代是继旧石器、细石器之后的一个发展阶段。这个时期无论从生产方式、物质文化，还是社会组织上来说，都有显著的发展。新石器时代的人类，已开始从事原始的农业和畜牧业。这时，除了打击石器外，还大量出现和使用磨光石器，发明了陶器和纺织。生产力的发展也促使了人类文化的提高。

这次考察队并不满足于已发现的材料，再次走访附近的农民，一边宣传，一边调查。在各级领导和广大群众的热情支持下，我们在元谋地区又陆续找到不少宝贵的文物和多处新石器时代遗址。从一件石斧受到的启发，到后来找到的遗址群，使元谋地区科学考察所获得的原始社会发展的实物资料十分丰富。这些资料，在我们面前展现出一幅原始人类在与自然界的斗争中不断发展的壮丽图景。我们深信，随着进一步的发掘和研究，今后对元谋盆地的古人类发展史的认识必将更加深入。

大地这本“书”所讲的故事[1]

大地是本奇妙的“书”，地层是“书页”，化石是“文字”。

书中展现了早已消失在遥远过去的生物进化过程——它是生命进行曲，人类孕育的故事。

一 大地是本奇妙的“书”

人类是如何从动物界分化出来的呢？这个过程早已消失在遥远的过去，今天已是看不到了。然而，我们可以去找一本“历史书”，它能告诉我们想要知道的事，不过这可不是一本普普通通的书，而是一本奇妙的“书”——大地！

大地确实像一本书，它的书页是“地层”，书中的文字是“化石”，它记载着地球上生命发展的历史，有了它，我们就可以了解人类遥远的过去。

地层是怎样形成的呢？

如果我们走到山崖下，或是站在河岸的陡壁旁，可以

---

① 原载《人类起源的故事》，云南人民出版社，1977 年版。

看到岩石是一层叠着一层堆积起来的。它们有的是由卵石和泥沙胶结而成，有的是连绵的、比较致密的岩块。有的很坚硬，也有些胶结不好，比较疏松。这层层重叠的岩石便叫作“地层”。

原来，地球的表面，也就是“地壳”，处在永不停息的运动中，不是这里火山爆发，就是那里地震。有的地区不断上升，形成较高的陆地和高山，有的地区却下降，成为低地或海洋。亿万年来，地球表面不断地经历着“沧海桑田”的变化。

在这永恒的变动中，地势较高地方的岩层由于不断地风化剥蚀，遭到破坏，产生出大量的泥沙碎屑；也有些地区火山爆发，产生出火山灰、岩屑等。这些物质被流水、冰川和风搬运到较低的地方，在江河湖海里沉积下来，也有的被冲进了山洞，充填其间。起初它们很松散，以后越来越多，层层叠压着，把下面的挤紧压实。含有矿物质的地下水渗透进来，把矿物质沉淀在孔隙中，慢慢地使它们胶结硬化，最后成为坚硬的岩石。各个时期沉积物质是变化的，因此岩石能层层区分，在沉积过程中还夹带进了许多生物的遗骸。

沉积次序有先有后，沉积时间越晚，层位越高，在地层没有变动的情况下，根据层位的上下，我们可以判断它们时代相对的早晚。

化石又是怎样形成的呢？

原来古代生物的遗骸在沉积过程中被埋到地里后，软体部分容易腐烂，很快被破坏掉了，而动物的骨骼、牙齿、贝壳，植物的茎、叶及果壳等比较坚硬，不易分解，经过地下水里矿物质的填充和交换作用，慢慢矿化，成为坚如石头的东西，就这样形成了化石。当然化石的种类很多，这只是通常见得最多的一类。

我们平时称作“龙骨”的，其实主要是古代哺乳动物的骨化石。原始人类的遗骸也能变成化石，他们所用的工具，如石器、骨器以及活动的遗迹被保存在地层里的，也可以称作“化石”。

后来由于海陆的变迁和地壳的活动，化石也随着地层上升，成为我们发掘研究的对象。

动植物化石代表着地球上曾经生存过的古代生物，对它们的研究，能帮助我们了解今天世界上种类繁多的生物是怎样从原始类型发展来的。保存在地层里的人骨化石及人类活动的遗物，则是研究人类起源和发展过程的直接证据。

在地层没有变动的情况下，低等生物的化石出现在位置较低，也就是时代较早的层位中，而高等生物的化石只能从位置较高、时代较晚的层位中去找。

如果我们将一个局部地区内不同时代的地层与它们所包含的化石情况研究清楚了，就可以将这个地区作为地层时代对比的“标准地点”。这是很有用处的，只要在其他地区能找到化石，通过将这些化石跟“标准地点”的化石进行对比研究，我们就可以知道它们所在地层的“相对年代”

了。“相对年代”可以告诉我们这个地层比那个地层的年代是早还是晚，但它不能具体回答究竟距今多少年，即所谓“绝对年代”。

近些年来，随着科学技术的发展，人们已能利用地层中化石或其他物质所含的放射性同位素来测定“绝对年代”，根据这些同位素的衰变速度测出距今的具体年代来。例如碳 14 年代测定法可以测定几万年内人类、生物的绝对年代！

科学家们依据多方面的研究，将地球的历史过程分成许多大大小小的单位，各自有自己的名称，这些名称都是从外文翻译过来的，有的是意译，也有的是音译。从地史年代表我们可以看到动物从低等发展到高等与地质时代由古老到近代的对比情况。

这个地史年代表，不就是大地这本“书”的纲目吗？

不过，应说明的是，大地这本“书”，由于年代太久远了，特别是由于地层的变动，已有不少“缺页”，书页里有些“字迹”也有点模糊了，所以有许多章节的内容还不太清楚，需要我们去寻找更多的化石，把这本“书”续全。

大地这本“书”所讲的故事

现在就让我们一页一页地翻开大地这本“书”，来追溯人类历史的遥远过去。

生命的起源与脊椎动物的产生

我们生活的世界是物质的世界，它不断地在运动、变化和发展着。

大约在距今60亿年前，地球开始形成，慢慢地出现了地壳、海洋和大气的分化，从而具备了形成生命的基本条件。

最初地球上只有无机物质，由于大自然内部的矛盾运动，以后在高温条件下，产生了简单的有机物。

原始的海洋是生命的摇篮。

随着地球表面的温度下降到一定限度时，在原始海洋里形成了复杂的有机物，最后发展到具有新陈代谢作用的蛋白体，生命是蛋白体的存在方式，于是生命现象在地球上诞生了。

原始的蛋白体又经过长期的由低级向高级的发展，出现了内核和外膜的结构，发展成细胞。

随着细胞的产生，整个有机界进一步发展的基础就建立起来了。

继单细胞之后出现了多细胞生物，细胞之间有了分工，这样生物体的结构就越来越复杂了。

由单细胞动物进化到人，经历了许多复杂的过程，主要分为无脊椎动物阶段和脊椎动物阶段。

在元古代时（距今6亿～24亿年），从单细胞的原生动物中分化出多细胞的无脊椎动物。发展到古生代的初期

(距今 4.4 亿～6 亿年)，它们极为繁盛，出现了大量较高等的类型，并从中进一步分化出脊椎动物。

脊椎动物是动物界中最高等的一个门类，大约在距今 4.4 亿年前就开始出现，它的主要特点之一是：身体内有一条脊梁骨（脊柱），它是由许多单个的脊椎骨连在一起组成的，这条脊梁骨是动物身体的支柱，使得身体变得坚强有力，而且它还起着保护脊髓和内脏的作用。

脊椎动物的另一个更重要的特点是：它们的神经系统发达，有脑和脊髓的分化。这就为人类的劳动，人的自觉能动性的产生奠定了物质基础，使脊椎动物具备了进一步向人类发展的重要条件。

脊梁骨和脑的出现是动物进化史上的一次重要飞跃，提高了动物适应外界环境的能力，从此动物界进入了一个新的大分化、大发展的阶段。

从鱼到人

脊椎动物包括鱼类、两栖类、爬行类、鸟类和哺乳类。脊椎动物由低级向高级发展，直至人类诞生前，又经历了几次重大的飞跃。

最早的脊椎动物约在距今 4.4 亿年前的奥陶纪开始出现，最初是一些像鱼的小动物，它们没有上下颚，也没有成对的鳍，主要生活在水底。

在进化过程中，产生出较高级的类型，如无颚类、软骨鱼类和硬骨鱼类等，它们具有上下颚和成对的胸、腹鳍，这就更加有利于取食和行动。从此，它们便迅速发展起来，到了距今3.6亿年前的泥盆纪，鱼类成为水里最繁盛的动物。

在进一步的发展过程中，它们形成了好多分支。有的以后灭绝了，有的演化为现代生存的各种类型。而另有一支，它们是硬骨鱼里的一类叫总鳍鱼的，能适应自然环境的变化，经过量变到质变，肺囊代替了鳃成为主要的呼吸器官，偶鳍变成四肢，逐步爬上了陆地，成为两栖动物，完成了脊椎动物由水域上陆的第一次飞跃。

两栖动物在泥盆纪晚期出现后，成了当时最进步的动物，但还不能算是真正的陆上脊椎动物，因为它们只有在水里才能生殖，度过幼年时期，平时生活也只能在有水的潮湿地方。现代的青蛙就是一个很好的例子，所以两栖类只能生活在离水源不远的地方。

石炭纪时从古老的两栖类中分化出一支能够在陆上产卵和繁殖后代的代表，由它们产生了最早的爬行动物。

爬行动物的主要特点是用羊膜卵（“蛋”）来进行繁殖。羊膜卵可以产在陆上，并可在陆上孵化，在发育过程中摆脱了对水的依赖，可以远离水域生活，这样，终于通过了脊椎动物上陆生活的最重要的一关。

爬行动物是真正的陆上动物，一经出现便迅速分化出许多分支，在距今7000万到2.45亿年前之间的中生代发展特别快。尤其是其中有一部分演化成为各种各样陆上生活的“恐龙”，盛极一时，地球上一度成了“龙的世界”。

这里说的恐龙是指中生代一类爬行动物的总称，今已灭绝，与传说中的“龙”是两回事。传说中的“龙”其实是不存在的，它是封建统治阶级为了迷惑人民群众，加强神权统治的需要而捏造出来的。

从原始的爬行类中还分化出一个分支，它们的前肢渐渐变成有羽毛的翅膀，骨骼变细并中空，适于空中活动，成为鸟类。鸟类是脊椎动物进化谱系上的一个旁支，与人类发展的历史没有直接的联系。

脊椎动物发展史上最重要的飞跃是哺乳动物的兴起。

爬行动物，如蛇、蜥蜴等，尽管扩展到陆地绝大部分地区，但它们还有缺陷，就是身体内没有保持体温恒定的有效装置，只要环境的气温发生大的变化，它们就只有停止一切活动，进入“休眠”状态。虽然上了陆地，但它们的行动还是受到很大限制，这种缺陷到了哺乳动物的出现才基本上得到克服。

大约在距今2亿多年前的三叠纪晚期，从古老的爬行类中分化出原始的哺乳动物，经过漫长复杂的进化过程，它们获得了定温（这是因为它们身上长毛，皮下有脂肪层，并有汗腺的调节作用，所以体温能保持恒定）、胎生和用乳汁喂养幼崽的特点，神经系统也有了很大发展，产生了较大较复杂的大脑半球，身体结构变得更完善了。到距今7000万年前，即新生代开始时，哺乳动物由于具备了这一系列的优越性，在生存斗争过程中战胜了爬行类而迅速发展起来，脊椎动物到此进入了又一次大分化、大发展的新阶段。许多分支产生了，它们进入自然界海、陆、空的各个领域。空中飞的有各种蝙蝠；海洋中有巨大的鲸、成群的海豹；陆上有牛、马、羊、鹿、象、虎、豹等，种类多极了。与人类起源关系特别密切的灵长类，也就是其中发展起来的一支。

灵长类的祖先是原始的树鼩，是从树栖的原始食虫动物发展来的，灵长类主要生活在热带和亚热带森林里。在进化过程中，它们适应树上生活，发展了拇趾与其他趾对握的能力，便于攀援和执握物体，它们视力敏锐，并产生双眼的立体视觉，提高了动作的灵活性，大脑也发达起来，这些特点在它们的进化中都具有重要的意义。

从最低等的灵长类，即原始的树鼩向前发展，产生了各种猴类及更高等的猿类，最后在距今一二千万年前从古猿中分化出一支向人类发展的支系。

归结起来，从最低等的动物演化到人类诞生的前夕，经历了好几个阶段，伴随每个阶段的兴起，都有重要的质变或飞跃，每次质变都将动物的身体结构和机能推进到一个新的高度。由此可见，自然界总是不断发展的，永远不会停留在一个水平上。

整个动物界的发展为人类的出现准备了充分的物质基础。达尔文在他著名的谈人类起源的书中指出，人不过是生物进化的一个阶段，他说：“可能世界为人类的发生做了长久的准备，这是对的，因为人起源于一连串的祖先，这一连串中只要失去其中的一环，就没有人类了。”这种看法基本上是正确的。

从动物进化的历史事实我们可以看到，一方面由于内部矛盾的不断发展，生物本身在变；另一方面环境也在变。生物和环境始终处在矛盾对立之中，生物必须解决它与环境的矛盾才能适应下来，才能得到生存和发展，否则就要被淘汰，灭绝。生物的进化就是一个不断自行产生、自行解决矛盾的过程，是按着自然界新陈代谢的规律，在遗传和适应不断斗争的推动下，经过不同形式的飞跃而完成的。

狼孩的启示[1]

似乎是不可能的事竟然发生了：狼、熊和豹之类的猛兽，居然能抚育人类的幼童！“印度狼孩”一事就曾轰动一时，让我们通过这一事例，来谈谈它能给人以什么启示。

那还是在1920年，在印度加尔各答东北的一个名叫米德纳波尔的小城，人们常见到有一种“神秘的生物”出没于附近森林，往往是一到晚上，就有两个用四肢走路的“像人的怪物”尾随在三只大狼后面。后来人们打死了大狼，在狼窝里终于发现这两个“怪物”原来是两个裸体的女孩。其中大的年约七八岁，小的约两岁。这两个小女孩被送到米德纳波尔的孤儿院去抚养，相关人员还给她们取了名字，大的叫卡玛拉，小的叫阿玛拉。到了第二年阿玛拉死了，而卡玛拉一直活到1929年。这就是曾经轰动一时的“狼孩”一事。

据美国《自然史》杂志1976年4月号刊登的一篇书评说，“狼孩”的发现者、孤儿院的主持人辛格在他所写的《狼孩和野人》[2] 一书中，详细地记载了他和妻子一起如何

---

① 原载《化石》杂志，1977年第4期。

② 此书于1947年出版，1966年再版。

努力把这两个像狼的女孩转化为人的经过，书中还附有美国人类学家津格的评论。

像印度“狼孩”这种野兽抚育人类幼童的事例绝不止一件。1875 年，著名的瑞典生物学家林奈在所著的生物分类著作中，就记载了关于野兽抚育孩子的事例：如 1344 年在德国黑森发现的被狼哺育长大的小孩；1661 年在立陶宛发现的与熊一起长大的小孩；1672 年在伊朗发现的为绵羊所哺育的小孩。据传我国古籍中也记载过有关“狼孩”的事例。

最近，上海《少年报》编辑部知识组的同志还为本文提供了一个很有趣的资料——据伊拉克《笛子报》1978 年第 339 期报道：

> 一批医生和心理学教授正前往肯尼亚首都内罗毕，去研究一个曾在猴群中生活过的男孩。
>
> 这个男孩是四年前由布隆迪的一些村民发现的。被发现时，他全身赤裸，身体大部分长着毛，用四肢爬行、跳跃。村民们经过一段紧张的追赶，才把他抓住。他先被送到一家精神病医院，现在住在肯尼亚的一家医院里。
>
> 人们给他起了个名字叫“约翰”。已确定他现年八岁，是在森林中与家人失散或是家里人全部遭难后独自留下的。猴子们见到他很高兴，把他当自己的孩子来抚养，并保护他免受其他动物

的伤害。

在被发现后的一段时间内，他学习了两脚行走，由于回到人类中生活，性情也变得温顺了。但是，他至今还不会说话。起初他只吃香蕉，慢慢地他已习惯吃人们所吃的各种食物。

关于被遗弃在森林里长大的小孩，其中最有名的，就是1797年法国大革命时代，猎人从森林里找到了一个17岁的男孩，由于长久隔绝于人类社会之外，找到他时，他已变成“野兽般的孩子”。这一发现曾引起学术界的广泛注意，并进行了多方面的科学研究。这个野男孩死于40岁。据说经过长期人为的训练，他终于被“驯化”了，“失尽了他的动物行为”。1976年出版的《阿威龙的野男孩》一书，介绍了这个野男孩被发现的概况。

至20世纪50年代末，科学上已知有30个小孩是在野地里长大的，其中20个为猛兽所抚育：5个是熊，1个是豹，14个是狼。其中最著名的即本文开首讲的印度“狼孩”。

人们会问：这些“狼孩”回到人类社会后是怎样生活的？他们和正常的孩子有些什么不同？

据记载，本文提及的印度“狼孩”刚被发现时用四肢行走，慢走时膝盖和手着地，快跑时则手掌、脚掌同时着地。她们总是喜欢单独活动，白天躲藏起来，夜间潜行。怕火和光，也怕水，不让人们替她们洗澡。不吃素食而要吃肉，吃时不用手拿，而是放在地上用牙齿撕开吃。每天午夜到清晨三点钟，她们像狼似的引颈长嚎。她们没有感情，只知道饥时觅食，饱则休息，很长时间内对别人不主动发生兴趣。不过她们很快学会了向辛格的妻子去要食物和水，如同家犬一样。只是在一年之后，当阿玛拉死的时候，人们看到卡玛拉“流了眼泪——两眼各流出一滴泪”。

据研究，七八岁的卡玛拉刚被发现时，她只懂得一般6个月婴儿所懂得的事，人们花了很大气力都不能使她很快地适应人类的生活方式，2年后她才会直立，6年后才艰难地学会独立行走，但快跑时还得四肢并用。直到死她也未能真正学会讲话：4年内只学会6个词，听懂几句简单的话，7年内才学会45个词。在最后的3年中，卡玛拉终于学会在晚上睡觉，她也怕黑暗了。很不幸，就在她开始朝人的生活习性迈进时，她死去了。辛格估计，卡玛拉死时已16岁左右，但她的智力只相当于三四岁的孩子！

“狼孩”的事例告诉了我们什么呢？

我们知道，人类学和心理学工作者往往通过对高等类人猿的观察和实验，来探索人类语言、智力及许多社会行为和习性的形成过程，而人类儿童与动物共同生活的意外事例，却提供了少有的机会，通过对这一类特殊情况下的人的观察和研究，可以得到很有价值的资料。

首先，“狼孩”的事实，证明了人类的知识和才能并非天赋的、生来就有的，而是人类社会实践的产物。人不是孤立的，而是高度社会化了的人，脱离了人类的社会环境，脱离了人类的集体生活就形成不了人所固有的特点。而人脑又是物质世界长期发展的产物，它本身不会自动产生意识，它的原材料来自客观外界，来自人们的社会实践。所以，这种社会环境倘若从小丧失了，人类特有的习性、智力和才能就发展不了，一如“狼孩”刚被发现时那样：有嘴不会说话，有脑不会思维，人和野兽的区别也泯灭了。

这里也应当指出，“狼孩”本身毕竟是人类千世万代遗传下来的后辈，因此当“狼孩”回到了人类社会中，必然会逐渐恢复人类特有的习性。印度“狼孩”尽管似乎成了野兽般的生物，但她死时已接近于人了。而辛格夫妇所豢养的那些家狗从没有学会直立行走，更没有学会说话。

其次，“狼孩”的事例说明了儿童时期在人类身心发育上的重要性。人的一生中，儿童时期在生理上和心理上都是一个迅速发展的时期。例如仅就脑的重量而言，新生儿的脑重平均约 390 克，9 个月的婴儿脑重 560 克，2.5～3 岁的儿童脑重增至 900～1011 克，7 岁儿童约为 1280 克，而成年人的脑重平均约 1400 克。这说明在社会环境作用下，儿童的脑获得了迅速发展。正是在儿童时期，人逐步学会了直立和说话，学会用脑思维，为以后智力和才能的发展打下了基础。“狼孩”由于在动物中长大，错过了这种社会实践的机会，这就使她们的智力水平远远比不上同年岁的正常儿童。

再次，正如个体发育史是它的种系发展史简短的重演一样，人类幼儿智力的成长过程也反映了从猿到人漫长历程中人的智力的发展历史。由于缺乏社会实践活动，“狼孩”未能学会直立，不得不用四肢爬行，使得她们的发声器官——喉头和声带的运用受到阻碍，发不出音节分明的语言。更重要的是，由于脱离人类社会，印度“狼孩”自然不会有产生语言的需要。此外，她们总是四肢爬行，面部朝下，只得从下方摄取印象，不可能使头脑获得较其他四脚动物更多的印象，这一切从根本上阻滞了她们智力的发展。“狼孩”的事例从反面深刻地反映了，人类起源过程中如果没有直立行走和语言的形成，人类祖先就不可能实现由猿到人的转变，而直立行走和语言的形成却又离不开最基本的实践活动——劳动。所以狼孩给人们以深刻的启示：没有劳动，也就没有可能实现从猿到人的转变！

狼为什么会抚育小孩[1]

自《狼孩的启示》一文在杂志上发表后，曾有不少读者在来信中提出，对于“狼会抚育小孩”这点感到困惑不解，究竟是什么原因促使狼不但不把小孩吃掉，反而把小孩抚育起来呢？下面除了试作解答外，还提出了一个有趣的问题——狼真有那么“坏”吗？

读了《狼孩的启示》一文后，不少读者认为，狼孩的事实加深了他们对人类起源的认识。他们起初对“狼孩”并不相信，待看到本文和照片之后，似乎不能不信，但又感到迷惑不解，狼怎么不将卡玛拉和阿玛拉吃掉，反而将她们抚育起来？

这确是一个非常有趣的问题。一提起狼，人们脑海里就浮现出“狼外婆”“大灰狼”“披着羊皮的狼”等可憎的形象。

无论在日常生活中，还是在艺术作品里，有关狼的话题可不少，这是因为一切野生动物中，就数狼跟人的关系最密切了。

---

① 本文作于 1978 年 6 月 8 日，原载《狼孩·雪人·火的化石》，天津人民出版社，1979 年版。

在蒙古和北美的印第安人中间，关于狼的神话和传说最为丰富，它们常被描绘成性情凶残、狡猾的家伙；在欧洲神话里，最强大、最凶悍的神祇也就是“狼神”！狼有合群的习性，在荒凉的冰雪原野里，集群的饿狼是很可怕的，不仅袭击家畜，有时还会伤人。深夜里的狼嚎声是最凄切可怖的了，光“鬼哭狼嚎”这几个字，看起来就令人毛骨悚然，狼似乎成了恐怖、残忍、狡黠的象征。特别是狼还给畜牧业带来灾难，据一个调查报告说，1823 年时，仅拉脱维亚被狼咬死的家畜就达 26993 头之多！所以人们厌恶它，为了免受其害，对狼曾采取了无情消灭的政策。

如此“凶残”的大灰狼竟然会抚育起小孩来，这岂不是怪事？一开始接触到“狼孩”的资料，笔者也感到不可思议，虽然多方考虑，试作解释，终因缺乏说服力，所以在《狼孩的启示》一文中也就没提及为什么会这样。究竟作何解释？我就试一试吧。

首先应该了解一下狼的历史——

“狼”，又叫“灰狼”，在动物分类学上属于“狗形食肉类”(或“狗类”)。狗类从渐新世开始出现后，不断分化发展，到了更新世和现代，可算是达到了它的全盛时期，产生了很多种类，包括北半球的野狗、狼、狐和大耳小狐以及南美洲和非洲各种高度特化了的狗类。狼是狗形食肉类中一支很成功的支系。根据化石记录，目前所知它最早在早更新统地层里有所发现，在以后较晚期的地层里有不少种类的狼化石，到现在，狼和它的同属至亲几乎遍于全世界。不过作为“真正的狼”，只产于欧、亚、北美三洲。真正的狼大部分归为一个种，即“北方狼”或简称“狼”。此外还有少数几类另有种名，它们是北美“郊狼”、“日本狼”和“印度狼”三种。

狼之所以发展很成功，是因为其在长期进化过程中，获得了很强的适应力，能忍受各种严峻的环境。它善于奔跑，行动敏捷，具有长时间追逐猎物的耐力及很强的耐饥力。它的集群性是很强的，在北方常成群结队狩猎，狩猎时还能分工合作。不过在南方，由于气候暖和，草深林密，利于它取食和隐蔽，这种集群性就消失了，即使在冬季，也只是三两只一起生活，很少像在北方几十只、几百只地集群活动。

狼，作为一种食肉类动物，如同虎、豹一样，自然要捕食其他动物，不过值得注意的是，夏秋之际，正是哺育小狼的季节，这时狼开始过“小家庭”生活，它的习性有点特殊起来。狼是多产的动物，一胎常有五六只，最多可有十一二只。小狼出生后第三四周即能爬出巢穴去晒太阳，哺乳期一般有5～6个月之久。根据观察，狼对幼崽的照顾和保护十分周到和细致，特别是母狼更为尽心，当小狼出生一个半月之后，它就去捕获肉食来喂小狼，3～4个月后即带领小狼去狩猎，这时母狼传授狩猎本领最为尽力，似乎是盼望幼崽早早自立。据观察，母狼不仅对自己的子女很爱护，还会收容别的“家庭”里失去母亲的小狼，甚至还收养小狗！所以有些国家的传说和文学作品将这种强烈的母性本能，称为“狼似的母爱”。在哺育小狼期间，公狼对小狼也是十分“宽厚”，所以在这段时期，狼并不是十分可怕的。

近些年来，国外有些资料中提到，狼并不像我们所讲的、所想象的那么“坏”，它的“本性”，也不像艺术作品和寓言中所渲染的那么“残忍无情”。这些资料说得真像要替狼“翻案”似的。据最近出版的一本名为“濒临绝种的动物”讲，狼“曾经一度在北半球大部分国家广泛生存，而且被当成一种害兽，到了现在它已近于绝种了”。据称，有些国家已宣布，对狼要加以保护。

正因为狼具有很强的合群性，在哺育小狼期间，母狼会表现出强烈的母性本能。所以它收容和抚育人的幼儿不是没有生物学的前提，看来是存在可能性的。

那么这种可能性是怎样变成现实性的呢？试作几种猜测：

一是来自“豹孩”的启示。

1920 年，在印度一个名叫芒兹·卡查尔的小村庄发生过这样一件事：村里的猎人在附近的原始森林里打死了两只雏豹，并将它们带回村里。这时母豹尾随猎人并在村子附近窥视着。两天后，一个农妇在靠近原始森林的田间工作，她的两岁的儿子正在地上玩耍。突然她听到孩子的喊叫声，回头一看，一只豹子叼走了她的儿子，以后再也没有找到，人们以为这个孩子一定是被豹子咬死了。

没想到，三年后，猎人们在村子附近打死一只母豹，在它居住的洞里找到两只雏豹，同时还有一个小男孩！这就是三年前失踪的孩子。此时他已五岁了，只会用四肢爬行，他的手掌和膝盖上都长着厚茧，全身皮肤已摩擦成厚皮，而且满布伤痕。当人靠近他时，他就咬人，见到鸡、鸭，扑上去就撕碎吃掉。这个小孩从野外被找回后只活了3年，虽然学会了直立和用双脚走路，但不久得了眼病，双眼失明。这就是有名的“豹孩”一事。有关科研人员曾对他进行过考察，20世纪50年代在法国《自然》杂志上进行过报道，还刊登了“豹孩”的照片。

从这个事例中我们可以看到，母豹是在丧失雏豹后去攫取小孩的，这点我还是将它归于“母性本能”的驱使。像母狼这种母性本能很强的动物，如果因某种原因丧失了它的小狼后，发生攫取小孩的事也不是不可能的。特别像在印度，天热的时候人们常在露天睡觉，加之气候温暖，在森林里也易于找到食物，所以“狼孩”多出现在印度也是不奇怪的。

另一个启示：据称，印度“狼孩”卡玛拉和阿玛拉可能是被遗弃的孩子。在有些地方，穷人的孩子没钱抚养被遗弃在野外是常有的事。是不是可能她们在被遗弃的地方沾上了狼的气味，被狼误以为是自己的幼崽而被带去哺养的？这是我在收到几位读者来信后得到的启发。

上海宋必理同志来信介绍了他所接触到的几件事：一是母鸡带领自己孵化的小鸡时，若有一只外来的小鸡闯入，母鸡会啄它，将它赶走，如果把这只外来小鸡跟母鸡及它的小鸡一道用艾烟熏一下，就能消除母鸡的排斥行为；另一是，国内曾报道过一位模范饲养员的先进事迹，说是两只母猪同时下猪崽儿，一只母猪奶水不足，喂不饱自己的小崽儿，另一只母猪奶水充足，但不愿接纳别的小崽儿来吃奶，怎么办呢？饲养员发现用产仔少、奶水足的母猪窝中的草，擦一擦非亲生猪崽儿的身体，这只母猪就识别不出外来小猪崽儿了，居然让它来吃奶；再一是，杜鹃这种鸟自己不筑巢，也不育雏，却将自己的卵产在比它身体小得多的莺、鹎等鸟的巢中，让这些鸟来孵化喂养，杜鹃雏鸟的身体远比这些哺育者自己的雏鸟大得多，叫声也不一样，但抚育它的母鸟就是识别不出来。我们从这些事例可以看出，动物的幼体有其亲类所特有的一种气味，很多动物主要就是凭这种气味来识别亲类的。

最近，有位参加农场劳动的同志还告诉我，在他们的农场里，母牛生下了一只小牛犊，有些同志好心地替小牛犊洗得干干净净，这下可麻烦了，母牛竟不认自己的牛犊了，不给它吃奶，同志们只好人工喂养小牛。很久之后，小牛带上了母牛的气味，才被母牛接纳而喂奶。

据此，“狼孩”说不定也正是这种情况呢！至于被遗弃的小孩如何沾上了狼的气味，我们可以作各种推测。譬如，小孩偶然爬进了狼窝？也许小孩被遗弃的地方，正是母狼撒过尿的地方，沾上了强烈的狼尿便的气味岂不更能迷惑狼？甚至，小孩沾上狼的气味后，碰上的母狼恰好又正丧失了幼崽，饥饿的婴儿的啼哭声更加触发了母狼强烈的母性本能，这就更可能促使母狼把小孩接纳去哺养了。

是不是还有其他更合理的科学解释呢？那就让我们大家再进一步去探索吧。不过，在这结尾处，我想再引用宋必理同志的一段话，这是颇能启发人的，即：

> 假如人们的主观思想单纯的话，会由这类意外的事件导致对动物的复杂感；假如人的主观思想复杂些，能用唯物主义观点和辩证的方法来分析这类事件，就可以看到动物的本性的确是很单纯的。

震惊世界的失窃案[①]

——珍贵的北京人化石哪里去了

本文依据有关书刊资料、个人回忆和私人信件写成，部分情节的真实性尚待证实……

1941 年 12 月 8 日，珍珠港事件发生后，美国在北京的一切机关相继被日军所占领，位于王府井大街附近的北京协和医学院当然也不例外。事情就发生在这个医学院 B 楼解剖系的一个办公室里，这里有两个保险柜，著名的北京人化石曾珍藏在其中。

1942 年 8 月，北京协和医学院来了两位不速之客——从东瀛赶来的考古学家长谷部言人和高井冬二。据当时的报纸宣称，当他们来到解剖系办公室，打开藏有北京人化石的保险柜时，发现化石早已不翼而飞，真标本已被模型所替代。

很快，一番追寻北京人化石的活动便紧张地开始了……

---

① 原载《科学画报》杂志，1979 年第 11、第 12 期，参加写作的还有林一璞。

研究人类起源的瑰宝

人们为什么对北京人化石抱有如此大的兴趣？原来，生活在距今50万年前的北京人，是世界上最著名的古人类之一。在古人类化石发现尚少的时代，它的出现为人类起源的进化论学说提供了最坚实的科学基础。

那么，北京人化石又是如何被发现的呢？

早在1918年春，被中国政府聘为“矿政顾问”的瑞典籍地质学家安特生，在北京西南郊50千米处的周口店勘查煤矿时，发现这里“龙骨”（实为哺乳动物的化石）颇多。1921年，在当地老乡的指引下，人们在龙骨山上找到了举世闻名的北京人遗址。

两年以后，奥地利籍古生物学家斯丹斯基在此进行小规模发掘，获得了两枚古老的人牙化石。1926年，这一发现正式公布于世，遂引起各方面的重视。

自1927年起，中国地质调查所和美国罗氏基金委员会合作，由北京协和医学院代管，在这里开始了大规模的发掘。就在这一年发掘工作结束前的第三天，一枚保存状态极佳的右下第一臼齿被发现了。加拿大籍解剖学家步达生对此进行了仔细的研究，创立了一个古人类的新种属，即“北京人”。

1929年，在我国学者裴文中教授的主持下，发掘工作又获新进展：发现了一具完整的头盖骨化石，一下子便轰动了国内外。

大规模的发掘工作，一直延续到1937年7月卢沟桥事变爆发后，才告一段落。在1927年至1937年的11年间，在北京人遗址里先后发现了代表40多个个体的人骨化石，其中有5具较完整的头盖骨、6块面骨、15具下颌骨残块、150枚牙齿以及部分肢骨残段。此外，还找到了大量的动物化石（其中哺乳动物就有90多种），数以万计的石器和丰富的用火遗迹。

北京人及其洞穴之家的发现，是古人类学、旧石器时代考古学、古脊椎动物学和第四纪地质学研究中的一件划时代的大事，它为研究人类的起源及其发展，为再现早期人类的生活面貌，提供了极其珍贵的第一手资料。北京人化石是人类精神财富中的瑰宝，北京人洞穴之家成了研究人类起源和有关相邻学科的国内外学者来北京“朝圣”的“圣地”。

曾拟送美国暂存

1941年初，日美关系日趋紧张，当时从事北京人化石研究的德籍（后加入美籍）学者魏敦瑞，在美国大使馆撤退其侨民之际，停下了研究工作，决定去美国，并想将地质调查所的所有人骨化石（包括北京人化石在内）一起带去，放在纽约自然历史博物馆内继续进行研究。

但是，中美合同早就明文规定，周口店发掘所得的一切东西，完全是中国的财产，不得运出中国，人类化石的研究权乃属于美国罗氏基金委员会所委托的代表。故而魏敦瑞虽有想带走人类化石标本之意，事实上却难以实现。

据裴文中教授在抗战结束后（1945 年）撰文所载：魏敦瑞为了这件事，曾与他两次前往美国驻北平公使馆，交涉北京人化石运美之事。美国公使表示，限于合同，在未得到中国政府的允许之前，美方不便单独负责。在这种情况下，魏敦瑞与裴曾通过美公使馆，给远在重庆的原地质调查所所长、当时的经济部部长翁文灏去电，为安全计商讨将化石暂运至美国保存，待战争结束后再运回中国。

大约在 8 月，翁文灏在重庆代表中国方面与美驻华大使詹森交涉此事，事后又写信告诉裴，美方已同意此举。11 月中旬，美大使馆自重庆来电，指令北平公使馆负责转运北京人化石至美暂存。

“是我亲手包装的”

北京人化石是如何运出协和医学院的呢？为了了解事情的来龙去脉，我们特地拜访了地质博物馆保管部主任胡承志，他当时在魏敦瑞的研究室工作，负责翻制化石模型。

在保管部的办公室里，胡承志热情地接待了我们。“那还是 1941 年的 4 月，”他说，“魏敦瑞在离华前夕找我，要我将所有的北京人头盖骨化石做成模型，寄往美国纽约的自然历史博物馆，供他使用。他还说，在当今时局紧张之时，要做好随时装箱的准备，可以将北京人化石交给协和医学院院长胡顿或总务长博文，然后由他们处理运美事宜。

“大约在 11 月 20 日前后的一天上午，魏敦瑞的女秘书告诉我要装箱。当时，魏已去美了，下午我就去找裴文中教授，问他是否装箱，裴说可以装。于是我就请解剖科技师吉延卿帮忙，将早已准备好的两只木箱，拿到办公室里开始装箱。

“装箱时，每件人骨化石都先拿擦镜头用的白棉纸包好，再包以软纸，然后裹上医用脱脂棉，包上几层医用细棉纱布，最后再用厚的白纸包裹，将之放入小木箱内。

“小木箱内垫有几层黄色的瓦楞纸，然后再将这些装有标本的小木箱，分装在两个大木箱内。至于牙齿化石，则是用装首饰用的小纸盒装的，盒内填以棉花，盒上面有玻璃，在玻璃上贴有镶红边的标志，上有标明牙齿部位的符号。小纸盒是放入小木箱后，再装进大木箱的。

“木箱为普通的白木板所钉成，未上油漆，北京人的化石主要装在较大的一个箱子里，略小一点的木箱内主要装山顶洞人的化石。两箱除分别标有‘Case 1’和‘Case 2’外，并无标签及其他标记。

“装好箱后，我将装有化石的木箱，用手推车送至 C 楼博文的办公室，他又将这两个木箱送到 F 楼下 4 号的保险室内，以后它们的下落，我就不知道了。”

胡承志还向我们透露了一件事：“已故的杨钟健教授生前曾多次跟我谈起北京人化石丢失的事。他说在重庆时曾跟翁文灏有较多的接触，翁决定将北京人化石送到美国保存，起初只不过是想委托美国大使馆设法带至美国，交当时国民党政府驻美大使胡适，可由魏敦瑞使用，但应由中国大使馆代为保管和保存，待抗日战争结束后再运回来。”

关于北京人化石的下落和命运，胡承志至今仍常常牵挂在心：“北京人化石是极其珍贵的，我们有责任找到它，也希望能找到它！”这不仅是胡个人的愿望，也是我们的共同心声。

北京人化石没有被带走

北京人化石撤离协和医学院后，按原计划，将由美国海军陆战队装上“哈里逊总统”号带往美国。此举是否成功？某些杂志（如美国的《科学》）曾报道说，自从“哈里逊总统”号被日军所缴获后，北京人化石就音讯断绝了。此话当真？

“哈里逊总统”号原系民间船只，以后才为美国海军所征用。它奉命在上海港卸下货物，并于1941年12月4日北上前往秦皇岛，以便从海上撤走在华北的美国海军陆战队。按原定计划，北京人化石就是准备带往秦皇岛后，在军队撤离时由“哈里逊总统”号带走的。当时预计“哈里逊总统”号到达秦皇岛的日期是12月11日，事实上，12月8日珍珠港事件发生时，它还在距秦皇岛约600海里处的长江口呢！

战争已起，船长为确保安全就将该船搁浅了。以后，船员们均被日军所俘，“哈里逊总统”号被日军当运输船使用了 3 年。最后于 1944 年，为美军潜艇所击沉。

照此看来，北京人化石肯定没有送上“哈里逊总统”号船。那么，这些化石究竟到哪里去了呢？

失踪前后

关于北京人化石失踪前后的经过情况，众说纷纭。最近，美国人詹纳斯对此作了许多调查，包括对当事人的访问，他在《寻找北京人》一书中提供了不少有趣的情节。

装有北京人化石的木箱自协和医学院运出后，被送到了美国海军陆战队驻华总部，交上校阿舒尔斯特负责。

阿舒尔斯特上校随即命令士兵们，把北京人化石改装到美军专用的标准化箱内，并责成即将离华赴美的军医福莱负责将这批装有化石标本的箱子运到秦皇岛，搭乘“哈里逊总统”号返美。

福莱军医受命后，即去电秦皇岛霍尔坎伯兵营医务室，指令他的助手、三等药剂士戴维斯照管好将由北京运来兵营的他的行李，装有北京人的木箱也在这批行李中，但福莱并未将此事告诉他。

秦皇岛距北京 225 千米，载有海军陆战队军用物品和行李的蒸汽机车，走了 3 天才到达，机车到达后，戴维斯和另外几个人，把刷有“W. T. Foley，USMC”标记的行李箱卸下，共有 24 箱之多，它们被暂时堆放在霍尔坎伯兵营戴维斯所住的砖瓦平房里，等待由上海开来的“哈里逊总统”号轮船，按规定，该船应在 12 月 11 日抵达。

事与愿违，12 月 8 日珍珠港事件爆发，船没有到，霍尔坎伯兵营却被日军占领了，美国海军陆战队队员统统成了战俘，被押送到天津战俘营。当时每人只许携带不多的个人用品，其他东西则全被搁下，就这样，装有北京人化石的木箱跟其他行李统统都被留在兵营里了。

戴维斯跟其他战俘到天津后，见到了福莱军医，但后者并未向戴维斯打听行李的下落。大约在一两个星期后，这些行李从秦皇岛运回天津，福莱军医取回了他的大部分行李。当他打开属于他个人的一些箱子时，发现中国朋友送给他的一些纪念品以及教学用的现代人头骨标本都已丢失。至于上校委托他带的装有北京人化石的箱子虽然仍在(看样子未被日军打开过)，但福莱却没有打开作一番检查。

由于军阶较高的关系，福莱军医一开始受到了宽待，行动还算自由，于是他便利用这个机会，在天津将行李疏散了。据他称，这些行李被分别保管在三处：瑞士人在天津开设的仓库，法租界上的巴斯德研究所，以及几个熟识而可靠的中国朋友那里。后来，福莱军医也丧失了人身自由……

以上资料，是詹纳斯亲自访问了戴维斯和福莱之后写下的，其可靠程度还难以判断。从书中记载看来，最后福莱军医并未打开上校的行李箱，究竟箱内还有没有北京人化石呢？这是一个谜，但不管怎么说，北京人化石最后是经几个美国人的手而下落不明的。

最初的搜索

1942年8月间，发现北京人化石已不在保险柜内后，日方一方面在报上大肆宣扬北京人化石“被窃”，另一方面即找有关人员追问下落。

次年4月间，日本的“华北驻北屯军最高司令部”指派侦探锭者繁晴负责搜寻工作。锭者这个人很厉害，仅用3天就问遍了所有有关人员，裴文中教授受到非难，而博文则被关了5天，吃了不少苦头！

据有的报道说，锭者在日军全力支持下多方搜索，大约经过两个月的光景，忽然传出在天津找到了北京人化石的说法。据说，当时还特地叫魏敦瑞的女秘书前去辨认，但是她一到天津，刚下火车就被拦截住了，说是在天津找到的东西与“北京人”无关，要她返回北京，以后搜索也就停止了。不久，裴文中教授被释放，当时，日方还客气地对他说今后要多合作。

胡承志至今还怀疑，当时一切都在日本宪兵队的控制下，“试问像日本宪兵队这样的机关，竟然也介入对北京人化石的寻找，又忽然草草收场，如果找不到能如此‘善罢甘休’了吗？这是耐人寻味的”。

踏破铁鞋无觅处

抗日战争结束后，1945 年 11 月至 1946 年 1 月间，曾有通讯社报道，在东京发现了北京人化石，说是东京帝国大学交给盟军总部的，由总部的科学顾问、地质学家怀特摩尔保管着，准备送回中国。

据说，怀特摩尔是在 1945 年日本投降后不久，奉命去东京盟军总部工作的，他同时受美国国务院之命和罗氏基金委员会的委托，前去东京寻找北京人化石。

报上虽如此报道，但中国政府从盟军总部所接收的东西中，却并没有北京人化石。为此，当时国民党政府驻日代表团的顾问李济博士（曾任台湾“科学院”院长，现已去世），应中国经济部的要求，在东京曾先后 5 次寻找过北京人化石的下落，结果仍未找到（詹纳斯去台湾访问过他，他仍坚持应去东京寻找失落了的北京人化石）。最后代表团团长亲自出面，于 1946 年 4 月 30 日致函盟军总部，请求进一步寻找这批珍贵的化石。

真是踏破铁鞋无觅处吗？据称，怀特摩尔并未进一步去寻找，有人怀疑他所知道的内情比他所说的多。不过他始终否认这一点。

与此同时，美军总部也曾动员在华美军寻找北京人化石的下落，结果仍踪迹全无。

搜索活动正在进行中

1972 年，中美关系正常化有了突破，5 月间首批民间访问者来华访问，其中有一位就是美国希腊古物基金会主席詹纳斯，此人是国际贸易家。在华期间他参观了周口店北京人遗址，对寻找北京人化石非常感兴趣，回国之后，他立即主动地行动起来。

最近他在给笔者的来信中，谈到了他所作的种种努力。为了获得有关北京人化石下落的可靠线索，他登报悬赏，现在已将悬赏金额增加到了 15 万美元。自 1972 年以后，在 6 年间他获得 300 多个线索。他还到过菲律宾、希腊、苏联以及我国香港、台湾……很遗憾，所有这些线索和所作的努力都未能使他获得积极的成果，尽管如此，它们仍然颇有价值。前面介绍的戴维斯和福莱的回忆，就是他提供的。这里不妨再介绍另一件颇有兴味的事，一位妇女曾给他寄来了据称是北京人化石的照片。

此事发生在他访问中国回国后不久，一位一直没有透露姓名的妇女，称她的丈夫在去世前曾告诉她保存有北京人化石。经詹纳斯的请求，他们在帝国大厦 87 层的瞭望台上见了面。经过几番周折，她邮寄了一张照片给詹纳斯。后者将照片复印了许多份分寄给各专家鉴定。除少数人相信照片中的一个头骨可能是北京人头骨外，不少人持有异议。

对于这张照片，我们的看法是，照片上所示的骨化石并不是北京人的，在遗失的化石中没有那些支离破碎的骨骸，至于右上角的头盖骨与北京人头盖骨并不相似。北京人头盖骨中央有矢状嵴隆起，故颅盖部分要来得高，而且前额的眶后部分显然要比照片上的头盖骨窄得多，这不是北京人头盖骨化石。胡承志在看过这张照片后，也否定了它的真实性。即那个头盖骨，也只是一个“拙劣的仿制模型”。

詹纳斯 6 年前开始的寻找北京人化石的活动，仍在进行之中。

失物终将归原主

1979 年是北京人第一个头盖骨发现 50 周年，随着纪念活动的开展，人们对已遗失的北京人化石更加关切起来。

自从北京人化石发现以来的半个世纪里，古人类学的研究获得了巨大的发展。研究表明，人类起源的发展的图景远比以往设想的要复杂得多，新的化石材料也有大量的积累，然而，就世界古人类研究史而言，像北京人遗址拥有古人类、古文化、古动物化石以及第四纪地质学诸方面如此丰富的材料，研究历史如此之长，而且所取得成果如此之多，实属少有，在同阶段的古人类遗址中，迄今还未被超越。北京人的化石材料，虽然已经有不少杰出的学者进行了研究，但仍有许多方面有待深入研究。

种种迹象表明，北京人化石这个无价之宝并未真正遗失。它们究竟在哪里呢？也许被埋藏在哪儿？也许被人有意隐藏起来了？

美国朋友詹纳斯出于个人对科学的爱好，更出于对中国人民的深厚情谊，已为寻找北京人化石作了不少努力。他在来信中告诉我们，他认为寻找到这些化石，将它们归还给中国人民，是他个人，也是美国政府的最大义务。这种意愿应受到赞扬和支持。作为北京人化石的主人的中国人民，也不会等闲视之。愿所有关心北京人化石下落和命运的国内外人士共同努力，我们相信，北京人化石重见天日的日子，一定会到来！

南通博物苑[①]

——我国自办的第一个博物馆

1979年秋天，在江苏省南通市召开了全国自然科学博物馆协会筹备工作会议。会址所以选在南通，是因为第一个属于中国人自己创办的，包括自然科学内容的博物馆——南通博物苑，早在75年前就创建在这里。

一 状元创业

清朝末年的甲午状元张謇，是上海强学会会员。他不仅是一位有卓识的政治家，也是一位有实干精神的实业家和教育家。清末的中国面临着外侮内困的危急情势，许多有识人士提出了各种不同的救国方案。孙中山主张革命，康有为、梁启超要求变法，而张謇却热衷于学习欧美和日本，提出了普及教育、挽救危亡的主张。普及教育是要花钱的，他认为只有办实业才能提供这笔资金，而办实业以纺织业最为有利。这样，张謇就以“教育救国”始于“实业救国”，走上了一条历来状元都没有走过的资本主义

① 原载《大自然》杂志，1980年第1期。

道路。

从1898年开始，他在南通创办了纺织厂，从而带动了这个城市的工业化。张謇利用工业利润兴办了一系列文化教育事业。1904年他从日本考察回来，办了大、中、小学；为了发展植棉和纺织业，他还专门开设了南通学院农科和纺织科。同时，他又认为很有必要建立博物馆和图书馆来普及知识、培养人才，以补充学校教育的不足。他在光绪三十一年（1905年）曾两次上书清廷，建议在北京和各省建立“博览馆”（即博物馆和图书馆的合称）。腐败保守的清廷当然不会理睬这种建议。于是他便身体力行，自己创办了这个“南通博物苑”。

张謇不是以革命的手段来改变现存的社会制度，而是幻想通过“实业”和“教育”来拯救中国，这条改良的道路自然是行不通的。但他通过个人的努力，还是给我们留下了一份可贵的文化遗产。

历史概貌

“南通博物苑”创办于清光绪三十一年（1905年），前身为“公共植物园”，该园原属通州师范。苑址位于南通城南濠河之畔，原占地2.3万平方米，有中馆、南馆和北馆等建筑，分别陈列自然、历史、美术、教育四部文物与标本。

中馆是苑内最早的建筑物，上面曾有一个露天的测候台，所以中馆曾名为“测候所”。从宣统元年（1909 年）一月一日起，该所正式起始观测气候，并按日记载，还在报纸上披露。这不仅是苑内正式记载气候观测结果的开端，而且也是“各县地方有测候所之肇始也”。以后测气象的设备转移他处，苑内就停止了测候工作。中馆内主要陈列动物标本。以后又陆续建造了南馆和北馆。

南馆原名“博物楼”，收藏和陈列了全苑的精品。楼上为历史部和艺术部，楼下为天产部。北馆的楼上陈列着古画，楼下陈列着鲸骨和化石。以后又陆续修建了一些辅助性建筑，广种各种树木花草，饲养各种鸟兽，堆砌假山，开辟荷花池，还建有温室、小亭、水榭等，使这里既有博物馆，又具备动物园、植物园的特点，还兼有园林之胜，所以取名为“博物苑”。

馆内至今仍保存着一些有关博物苑的重要史料，如张謇上书清廷的建议表、南通博物苑早期平面图、苑品目录等。其中《南通博物苑品目》编印于 1910 年，铅印，分上下两册。上册为天产部，录藏品动物类 460 号、植物类 307 号、矿物类 1103 号。下册为历史、美术、教育三部，其中历史部包括金、玉石、陶瓷、拓本、土木、服用、音乐、遗像、写经、画像、卜筮、军器、刑具、狱具等类；美术部包括书画、陶瓷、雕刻、漆塑、绣织、缂丝、编物、铁制、烙绘、铅笔画、纸墨等类；教育部包括科举、私塾、学校三类。四部合计藏品有 2973 号。

到 1930 年，据《通通日报》所载资料，其时博物苑已扩至占地3.2万平方米，每年经费达2000元，在展品方面大大扩充。就天产部而言，矿物有岩石1000余种，金类矿1400余种，非金类矿700余种，土壤400余种，矿物标本10余座，矿床7座；植物计有显花、隐花4000余种；动物标本中，哺乳类百余种，鸟类300余种，爬虫和鱼类500多种；无脊椎动物1400余种，其中昆虫类占1/3。粗略估计一下，所谓天产部即自然部分的展品即近万件之多！从这些目录我们可以了解到当时收藏品确实种类繁多，内容丰富。

馆外陈列是另一番景象。各种植物按类栽植，以药材居多，专设有"药圃"，其次是花卉，竹也不少，每种植物都悬牌标明名称、产地。饲养的动物中，鸟类有家鸡、金鸡、火鸡、鸵鸟、白鸽、水鸭、鹭鸶、鸳鸯、鸸鹋、孔雀、鹳鹤等；兽类有鹿、兔、猴猿、山羊、熊鼠等。同时还有许多矿物环列在小山之上，各种佛像、古铜器、古铁器、化石陈列在各馆的周围。

由此可见，南通博物苑不仅是个历史文物性质的博物馆，也是自然科学性质的博物馆，还带有民俗学博物馆的特点，又兼有动物园和植物园的格局。苑内不仅有收藏、陈列，还有饲养、栽培等实地科学试验。在一个地区内，能有这样一个多方面的、内容充实的博物馆，这对丰富人民的文化生活，提高科学知识水平是有重大意义的。

几经沧桑

随着时局的变迁，张氏势力的垮台，南通博物苑由附属通州师范转而附属南通学院，以后重又为通州师范代管，情况日见凋敝。据 1932 年 9 月 4 日《通光日报》的报道，即可见一斑："……南北两馆东边的兽室也是十室九空，只有孤独的猴子和蜷伏的刺猬点缀着。各处的房屋、亭台、池沼和两座水塔，竟是断垣颓壁，荒芜不堪。南馆四周的佛像，大半龛门洞开，听任风雨剥蚀，就是假山石南陈列的大水晶和寒水石等物，也是影迹全无，不知何往。"最后作者感叹道，"……不久的将来，这个博物苑不独墙倒壁塌，花枯树萎，鸟兽绝迹；恐怕那些较好的古董，大半要改名换姓。"

这种结局果然到来。1938 年春天，日本侵略军占领了南通，博物苑面临覆灭的命运。它西边张謇的宅院成了日军的司令部，博物苑本身成了马厩，苑藏文物标本除一小部分被转移外，其余全部毁灭殆尽。今天在馆史文物的几幅照片上，还记录着博物苑当时在日寇铁蹄下的悲惨情景。

抗日战争胜利之后，国民党政府忙于"劫收"，忙于内战，哪有心思关心博物苑的恢复。到南通解放前夕，这个有历史意义、具备一定基础的博物苑已满目疮痍，成为一片废墟！

枯木逢春

1949 年 2 月 2 日，南通解放了，南通博物苑获得了新生。

解放初期还在百废待兴的日子里，人民政府就投入很大力量开始了博物苑的恢复工作，1951 年将其改名为“南通博物馆”。除中馆、南馆和北馆外，又建东、西两馆和数处展室。原属于博物苑的植物园，从 1951 年起辟为人民公园，另设管理机构，并建立了动物园。现在的博物馆与人民公园虽属两个机构，但在布局上仍是浑然一体。

南通博物馆举办的历史文物和革命文物两个基本陈列，主要是运用本地区的文物资料，反映本地区的历史。除了原博物苑“劫后余生”的少数珍品外，新中国成立后又陆续搜集到许多重要文物。如 1973 年在南通市防空工程中，出土的一件仿北方游牧民族日用器皿的青瓷皮囊壶，是晚唐至五代年间的重要文物，它是南北民族文化交流的结晶。1978 年从南通县观河公社掘出了宋代煎盐的工具——盘铁。盘铁的出土不仅能帮助我们了解古代盐业生产的过程，还提供了有关本地区海岸延伸的资料。

著有《外科正宗》重要典籍的明代名医陈实功，是南通人，馆内就收藏着他研药用的青花乳钵。清代著名的南通画家李方膺，是“扬州八怪”之一，这里就收藏着他的墨梅手卷。这些文物中特别应当提到的是 1976 年，南通博物馆考古工作者从海安县青墩发现了一处距今 5000 多年的新石器时代遗址，出土了大量的麋鹿亚化石、磨光石器、陶器及人骨。南通地区是长江三角洲冲积平原的一部分，所以过去人们以为这里成陆迟，历史不会长久，青墩新石器遗址的发现改变了这一看法。

南通博物馆的自然科学部分设在文峰塔院，现辟有两个展室：一为“鲸展”，一为“古尸展”。此外，正在筹建一个纺织博物馆。手工纺织的南通棉布在历史上素负盛名，而发展成现代化的南通纺织业，在国内仍然占有重要地位。南通博物馆一直保存着从明代到现代的各种纺织实物。为了形象地阐述这段历史，并促进我国纺织工业的不断进步，筹建这样一个纺织博物馆是有重要意义的，这将在我国各种专业博物馆的事业中又增添一朵新花。

共同倡议

南通博物馆基本是一个地志性质的博物馆，它立足于本地区，结合本地区的实物，在收藏、科研和陈列三方面都发挥了应有的作用，在实现四个现代化的进军中，南通博物馆树立了一个好榜样。

参加全国自然科学博物馆协会筹备会议的代表们参观了南通博物馆，并给予了很高的评价。我国著名的古人类学家裴文中教授留下热情的题词：“中国第一博物馆是最有价值的珍宝。”为了更好地保存这个珍宝，发扬中国第一博物馆的首创精神，也为了加强国际文化交流的需要，许多代表，也包括南通博物馆的全体工作人员，都有共同的愿望，并倡议对这样一个有历史意义、在国内外有影响的博物馆，应当尽可能保持它的原来面貌，恢复原有的建制，有必要将人民公园与博物馆合并起来，就是它的名字也应该恢复为原来的——南通博物苑。

用火颂[①]

你见过野外篝火上飘动的火苗吗？漆黑的夜空，殷红的火苗，将激起你多少富有诗意的遐想，把你引向遥远的过去……

你见过炼钢炉里飞溅的钢花吗？熊熊的炉火，闪烁着人类智慧的光芒，看到它，你会感到激动、振奋、自豪，满怀信心地奔向未来……

火！

自然界里最伟大的元素。

火！

原始人类改造自然、征服自然、推动历史前进的武器。

然而，火，这个神奇而不可思议的自然力，曾经一度困扰过我们远祖的心境。

人类从诞生之日起，就一直处在严酷的自然条件的考验中：严寒酷暑、狂风暴雨、毒虫猛兽、饥饱无定，这一切无时无刻不在威胁着他们的生存。更有那席卷一切的野火！——在原始人眼里，也许它是最凶恶的妖魔。

---

① 原载《科学时代》杂志，1980 年第 2 期。

自然界里何处没有火的生成？火山爆发，熔岩四溢，犹如一条条火龙，直流奔泻，吞噬着它所触及的一切；雷电触发的林火，腐叶、煤层的自燃，也经常引起燎原火势……在这一片浓烟弥漫之中，火舌翻滚，烧得野兽四处逃窜，生气蓬勃的密林，顷刻间化为一片焦土。

面对这奇妙的、似乎拥有无限魔力的怪物，我们的祖先不知所措、惊恐万状。

但是，勇于探索的人类，在与自然的斗争中成长，经过漫长岁月的摸索和实践，终于征服和掌握了火。

人怎样征服了火？这是一个迄今人们尚未完全搞清楚的课题。

原始人天生的好奇心和探索欲，战胜了他们的恐惧和胆怯，使他们偶尔来到浩劫后的火场。烧焦的野物发出阵阵的香味，刺激了他们的食欲，纵然吱吱发响的烧肉烫痛了他们的手指，然而那美味的享受使他们久久不想离去。

也许，他们会捡起一段仍在冒着火苗的树枝，仿佛捉住了一头“怪兽”，他们会感到惊异；即将熄灭的火花，又犹如幽灵一般，化作缕缕青烟散失在天空，他们会感到难以捉摸。火的温暖（如果不是太烫的话）、火的光亮，会激起他们运用贫乏的想象力去探索、去揣想……经过无数次的摸索、试验和漫长岁月的经验累积，人终于认识到，火不仅有它可怖的一点，更有它有利的一面，于是人们掌握了火。

如果说，最初的石器制作，使得人类远祖摆脱了动物王国的束缚，那么对火的征服，就使人变成巨人！

人类对火的征服，大概是在气温较低的地区首先实现的，很可能是地球上气候的变化——最初冰期的降临，加速了这一过程。

在现有的考古学资料中，还未找到直立人（以前称为“猿人”）的前辈——南猿（旧译为“南方古猿”）使用火的痕迹。就目前所知而言，人类最早用火的历史至少可以追溯到170万年以前，元谋人和西侯度遗址的主人生活的时代。在埋藏他们遗骸或文化遗物的层位里，发现了大量的炭屑和烧骨，不少科学家认为他们是最早用火的人。这意味着，在我国大陆上发现了人类用火的最早遗迹！至于他们对火已掌握到什么程度，还有待于发现更多的证据来加以说明。

到了距今50万～100多万年前，原始人已在洞穴里留下了炉灶的遗迹。例如法国南部的艾斯卡尔洞、匈牙利的维脱斯佐洛斯人遗址和我国北京周口店的北京人遗址等。站在这些昔日的洞穴之家的门口，你仿佛可以闻到烧烤鹿腿的香味……正是从这些遗址的堆积物中，传来了珍贵的信息，直立人不仅是自然界中伟大的“盗火者”，而且已发展成能管理火堆、保存火种的了不起的“驯火者”！

在原始人的生活中，火的作用愈来愈明显，对火种的保存也愈来愈成为群体内最为关切的大事。

根据现代民族志资料记载，前不久，不少部落，如非洲中部的卑格米人、安达曼人等还都不懂得人工取火的办法。他们还是照许多万年前的老办法，长期地保存着那星星火种或熊熊烈焰，永不让它熄灭。不少原始部落在迁徙时，首先搬运的是火种，最为重要的事是保护火种。

新中国成立前，云南的苦聪人对火种的保护达到了令人惊叹的地步：他们的小孩，从四五岁时起就会让火“阴燃”以保存火种；平时他们所住的芭蕉棚里从不断人，为的是看管火堆不让它熄灭，特别是碰上了风雨之夜，这时一家人坐起来，个个用赤裸裸的身体围住火塘，保护着摇曳着的火苗……许多苦聪老人的胸膛上都留着黑赤赤的疤痕，这是慌忙中护着火种时被烤坏的！其实他们早已学会摩擦取火了，可是对火的精心保护仍然如此。至于我们那些尚不会取火的原始祖先，他们对火种的珍惜和爱护更不知要达到何种程度呢！我们只要看看北京人的遗址就可知晓了，他们留下的灰烬层厚达 6 米，中间夹杂了大量的烧石和烧骨，由此可见北京人对火堆的维持和对火种的保护确是煞费苦心的。

随着岁月的流逝，在长期使用自然火的过程中，人增长了才智，变得更加聪明，直立人的子孙们发现并掌握了人工制取火种，尤其是摩擦取火的方法。

摩擦取火是人类历史上的伟大创造，人为地实现了由机械运动到热能的转化。

火的使用，使原始人的生活产生了革命性的变化。

熟食开始了。

熟食扩大了食物的种类。譬如，正是火被广泛利用之后，鱼类和海鲜才变成人们日常的食物。熟食也增加了食物的可食部分，尤其是肉食，经过火的烧烤之后，不仅去除了腥臊，使之味美和更富营养，而且还软化了食物，使之易于咀嚼，便于肠胃消化吸收。从而结束了人类“茹毛饮血”的原始状态。

熟食增强了人的体质，为身体发育、特别是脑髓的发育提供了更多的原料；熟食减弱了原始人的咀嚼机能，使得牙齿变小，颌部缩短，面貌变得愈来愈像现代人。

原始人注意到，即使最凶猛的野兽也怕火，于是火逐渐被用来防御猛兽的袭击，解除了对人类生存最大的威胁。他们还利用火来驱逐洞穴里的野兽，为自己争得居住的场所。

在直立人时期，火用来围猎的证据来自西班牙安布隆山谷，在距今 40 万年前的地层中，发现了很多受到不同程度燃烧的东西，木炭和灰烬等稀稀拉拉地散布了一大片。还有许多被肢解了的象类骨骸，伴随着很多石器。不难推测，古象群被直立人用火驱赶到这昔日的泥沼中，被困陷猎杀了。

火给人以温暖，帮助人类度过严寒，火还可以驱除洞穴里的潮气，改善居住的条件。

火带来光明，增添了人们斗争的勇气，火给人以光亮，延长白日，增加人的劳动时间。

火本身也是劳动工具和武器，不仅可以用来围猎，还可以用来加工其他的工具和武器，例如，木矛的尖部，经过火烧之后再冷却，会变得坚硬；人们将石块先用火烧再用冷水泼，会使它们崩散，分裂成合乎制作各种石器用的碎石片；人们曾用火烧焦树干，然后用石斧刨空它，制造出独木舟，有了舟和渔网，人们把生产领域扩展到广大水域。

原始农业的进一步发展，也离不了火。所谓的“刀耕火种”，虽然十分粗放，但它对人们定居下来起着重要的作用。

人类在物理化学变化方面最早的运用，也是借助于火而实现的——这里说的是陶器的发明。过去用石头、骨头制造工具，只是把原有材料改变形式而已，而人们通过烧制陶器却改变了制陶器的原料——黏土的性质，创造出自然界里从未有过的新材料。陶器的发明又为人类的定居生活提供了盛水、煮东西和储藏食物的条件；有了煮东西的器皿，从而又把熟食的水平推向一个新的高度。

随着原始制陶业的发展，人们认识到陶器质量跟火候大有关系，由此发明了陶窑。陶窑将人类用火的本领提到了新的高度，而改进了的陶窑能获得更高的炉温，终于导致了金属的冶炼，出现了金属工具，开创了人类历史的新纪元。

正是借助于火的利用，加之又发明了住所和衣服，人们适应了在任何气候下生活，向过去未曾生活过的地区扩散，闯进了世界的各个角落。1970 年发现了一个旧石器时代的遗址，位于北纬 70°的印迪吉尔盆地比里勒克河左岸，证明了在距今 1.2 万年左右，人们已到达了北极圈！

人们通过对火的掌握和运用，度过了人类历史的蒙昧时代，进入了从制陶术开始的野蛮时代。以后在金属冶炼业的进一步发展中，人们发明了铁器，从而有力地促进了社会生产力的发展。

火！

对它的征服，是人类征服自然界的第一个伟大的胜利。

原始人对火的征服和掌握，为今天人类物质文明的高度发展奠定了坚实基础，创立了不可磨灭的功勋。关于原始人类对自然界这个伟大胜利的愉快记忆，至今还存在于不少民族的古老传说和神话里，存在于各种崇拜火的宗教活动中。

古希腊神话中，天神普罗米修斯为人类从天庭里偷来了火种，受到众神之王宙斯的严厉惩罚，这是人与自然斗争的反映。我国古代则有燧人氏的传说，说是圣者燧人氏偶然看到有只鸟在啄树干，冒出了火花，由此得到启发而发明钻木取火。这个故事，不似希腊神话中的普罗米修斯为盗火而受难那么严酷，却更带有古代现实生活的烙印。

普罗米修斯和燧人氏是古代神话中的英雄人物，他们的事迹是对人类最初征服火的一曲颂歌。今天人类对火的运用达到了新的高峰，炉火通红，火箭飞翔，人造卫星遨游太空，唱出了人类征服自然的新的凯歌！

人征服了火，火磨炼了人，人成了星际间最有才华的理智生物——石在，火种是不会熄灭的；只要有人，任何世间奇迹都可以创造！

人类的摇篮在何方[①]

人类究竟诞生在哪里？这是一个众说纷纭的问题。多祖论者主张各人种有不同的起源，那就有不止一处的人类发祥地。但是现在的科学支持单祖论，人类的发祥地只能是一处，只能在一个有限的地区之内。那么人类的摇篮究竟在哪里呢？

一 两极、大洋洲与美洲不可能是人类摇篮

看来，两极不可能是人类摇篮。

冰天雪地的南极洲，冬季沉睡在漫漫的长夜之中，气温低达零下 60℃，只有色彩绚丽的极光在钢蓝色的夜空中闪烁。只是到了 19 世纪，才有探险家的足迹踏上这远处南极地区的大陆。这里化石材料很少，除了在煤层里找到过蕨类植物之外，1967、1969 年才在距今 2 亿年的地层里找到两栖类和水龙兽的遗骸，表明那时候那里的气候是温暖的。但是从来没有找到过古人类和文化遗物的痕迹。

① 原载《人怎样认识自己的起源》下册，中国青年出版社，1980 年版。

北极地区也是找不到人类祖先的，因为北冰洋的岛屿也好，南部的冻土和森林苔原地带也好，距离猿类化石发现地很远，距离现代灵长类的分布区也很远。北极地区虽然有爱斯基摩人居住，但是爱斯基摩人的历史最多不超过四五千年。

大洋洲也不可能是人类的发祥地。

大洋洲包括澳大利亚本土、新西兰岛和南太平洋的许多群岛。澳大利亚大约在1亿多年前的白垩纪就跟欧洲大陆分离了。那里多半是沙漠地区，资源不丰富，动物也稀少，主要的哺乳动物只有一些原始类型如有袋类和鸭嘴兽等。到目前为止还没有找到过除人以外的其他灵长类化石。所能找到的人骨化石，据放射性碳14法测定，最古不超过2.2万年，这距人类起源的时间太远了。

新西兰岛和其他群岛作为人类发祥地的可能性就更小了。

至于美洲大陆，看来也不会是人类的摇篮。

人们称美洲为新大陆。撇开印第安人传说中的野人“沙斯夸支”不谈，在美洲，既没有类人猿，也没有发现过它们的确凿的化石证据，甚至连狭鼻猴类（不论是现代生存的还是古代的化石代表）也没有找到过。第三纪的早期在这里发展了阔鼻猴类，曾经在阿根廷、哥伦比亚的中新统地层里找到了性质和阔鼻猴相近的一些灵长类化石，表明它们跟旧大陆的狭鼻猴类无关。

讲到人类在美洲居住的历史，有人推测过，更新世中期的动物群曾经通过冰期的白令陆桥（由于冰期海面大幅度下降而在白令海峡出现了陆地）到了美洲，因此不能排除直立人跟踪猎物来到美洲大陆的可能，但是到目前为止还没有在这里发现过旧石器中期或更早时期的文化遗物和人类遗骸。有些科学家认为，最早的人类可能是在最后一次冰期通过白令陆桥从亚洲北部过来的。也有人提出，美洲最早的居民是从大洋洲漂洋过海来的，依据是南美洲当地人的语言和个别文化因素跟大洋洲的有相似的地方，但是这一说法没有被多数人所接受。

据考古学研究，美洲居住人类的历史不超过 4 万年，他们在美洲大陆上是由北向南扩展的，到达美洲的南端距今不过 1 万年。最近虽然有报道说，在美国加利福尼亚州南部的古老堆积层里曾经找到古老的石器，年代可能在 6 万～8 万年前。即使这一报道被证实，人类在美洲居住的时间也没有超过 10 万年。这离人类起源的时间也太远了。

可能作为人类的摇篮的，是欧洲、非洲和亚洲，下面我们分别对这三个洲的可能性作些探讨。

欧洲起源的可能性还很难说

欧洲，特别是西欧，曾经一度被认为是人类的发祥地，因为旧石器时代的文化（包括最早的阿勃维尔文化）和人类的化石遗骸最早是在欧洲找到的。1823 — 1925 年，在西欧出土的旧石器时代的人骨就有 116 个个体，包括直立人阶段的海得尔堡人，而新石器时代的人骨发现的更多，有 236 起。因此，人们打开地图一看，欧洲，特别是西欧，布满了古人类的遗址。而当时除了爪哇直立人之外，在亚洲其他地区和非洲还没有找到过古人类遗址。加上 20 世纪 20 年代，“皮尔当人”的骗局喧闹一时，所以许多人都认为人类起源的中心是在西欧。

但是随着亚非两洲大量材料的发现，欧洲作为人类发祥地的可能性变得很难说了。这是因为：

第一，欧洲第三纪地层缺乏人类祖先的化石证据，如拉玛猿和南猿。据说，在德国找到的方顿种林猿的材料中，有拉玛猿类型的一颗牙齿标本，但是凭这样少量的化石材料是不能说明问题的。另外，在奥地利距今 1600 万年的中新统地层中部也找到过一种林猿材料，命名叫林猿·达尔文种，有人认为这是人类的祖先。现在经过研究，人们认为尽管它的臼齿上有些近似人类的特点，基本性质还是猿的。在 19 世纪，在意大利托斯卡纳的上新世早期的褐煤层里找到过山猿的化石材料，1954 年以后找到的材料更多，甚至有近乎完整的骨架。山猿有些特点和人类相似，如犬齿小，面部短而欠突出，有人认为它是直立的，主张应该属于人科。但是近年来的研究表明，它的双臂比腿长，手掌是弯的，所有关节的形态表明都很灵活，说明山猿并不是直立的，可能是臂行的，可能是长臂猿的祖先类型。最近报道，有人研究了山猿的牙齿，认为它跟人类和任何类人猿都没有关系，可能是猿的进化线上的一个特化分支。

第二，欧洲虽然曾经找到旧石器时代早期的阿勃维尔文化，然而以后在非洲大陆、南亚和东南亚等许多地区也找到了这一文化，而且分布很广泛。不仅是这样，在非洲还有比阿勃维尔文化更早的文化遗物。在亚洲属于更新世早期的文化遗址发现得也相当多。近年来虽然在捷克斯洛伐克的布拉格附近、罗马尼亚的布求纳斯蒂和法国南部的芒通附近，和更新世早期的兽骨一起找到过砾石工具，但是这些古老工具的真实性还值得研究。即使是确实的话，也只能说明在更新世早期人类就分布得相当广泛，但是人类起源的时间比这还要早。

不过，近两年的情况又有些变化。在希腊、土耳其、匈牙利等地区找到了拉玛猿类型的古猿化石，因此有人认为不应该排除南欧地区是人类起源地区之一的可能性。

但是总的说来，欧洲作为人类发祥地的可能性不是很大。

不能排除非洲是人类摇篮的可能性

早在 1871 年，达尔文在《人类起源和性的选择》一书里就推测人类是从旧大陆的某种古猿演化来的。他根据动物分布的规律，就是说世界上每一大区域里现存的哺乳动物是跟同一区域里已经灭绝的种属有密切关系的，从这里得出结论，认为古代非洲必定栖息着和大猿、黑猿极其相近的已经灭绝的猿类。大猿特别是黑猿跟人类的亲缘关系最近，所以人类的祖先最早居住在非洲的可能性比其他各洲更大。

达尔文的这一推测在19世纪没有得到科学材料的证实。但是不少科学家是支持他的。

到了20世纪20年代，在非洲找到了南猿化石，以后许多化石猿类和古人类遗骸陆续在这里发现。20世纪50年代特别是60年代以来，找到的古猿、南猿、直立人的材料更是丰富多彩，经放射性同位素方法测定年代，有些南猿生存在距今400万年以上。这些材料为非洲是人类的摇篮的主张提供了事实根据。而且有人认为，非洲地域辽阔，地形多变，有热带丛林，有树木稀疏的大草原，有半荒漠地带，有高山，又有巨大的裂谷，对高等灵长类的分化和不同生活方式的形成能起促进作用，是人类起源的理想地区。

但是也有人不同意人类起源于非洲的主张，他们的理由是：

第一，他们认为达尔文忽视了动物迁徙的问题，大型猿类在非洲出现并不能说人类一定起源于非洲，相反，按照动物迁徙的规律来说，它们的祖先还应该到远离现代分布区的地方去寻找。

其次，促使古猿变成人，一般需要外界的动力，这就是地区环境的变化，如森林区变成疏林草原区。非洲地区从中新世以来，据现在科研结果表明，环境变化不激烈，虽然地形多变，还是缺乏对古猿变人的“外界刺激”。

另外，从地理位置上来看，非洲显然不属于整个旧大陆的最重要部分，实际上只是欧洲大陆突出去的一个半岛。在动物地理分布或区系划分上，非洲和亚洲大陆同居“古北区”。因此，在北非的埃及、阿尔及利亚等地发现的化石猿类和亚洲大陆发现的材料关系很密切，很可能北非的那些古老的化石代表是从亚洲来的。

主张非洲起源的学者中，还有一派认为起源地点在南非，因为早期类型的南猿是在南非发掘到的。反对的人却指出，南非离旧大陆其他地区太远，僻处一隅，南猿以这里作为中心向其他地区迁去的可能性不大，而从别处迁来的可能性显然要大得多。

不管怎样说，非洲地区发现的材料是这样丰富，在解决人类起源的问题上，它们的重要性是不容忽视的。在目前，不少科学家认为不能排除非洲作为人类发祥地的可能性。

亚洲起源的可能性更大些

“人类起源于亚洲说”早在1857年就有人提出了。人类起源于亚洲的哪一部分，主张亚洲起源的人也说法不一。

有人提出是中亚，这就是最早提出亚洲起源的美国古生物学家赖第的主张。1911年，另一古生物学家马修在一次题目叫“气候和演化”的演讲中列举了种种理由，强调中亚高原是人类的摇篮，影响很大。以后不断有人支持这一主张，如格雷戈里、步达生、奥斯朋等。1927 年在我国发现“北京人”之后，中亚起源说更加风靡一时，20 世纪 30 年代还组织了中亚考察团到蒙古戈壁里去寻找人类祖先的遗骸。

主张中亚说的人阐述他们的理由，最注重的是那些用来反对非洲说的几个方面。第一，非洲缺乏“外界刺激”，中亚却有，就是喜马拉雅山的崛起，使中亚地区高原地带的生活比低地困难，对于动物演化来说，受刺激产生的反应最有益处，这些外界的刺激可以促进人类的形成。第二，按哺乳动物迁徙规律说，常常是最不进步的类型被排斥到散布中心之外，而最强盛的类型则留在发源地附近继续发展，因此在离老家比较远的地区反而能发现最原始的人类。恰好当时发现的唯一的早期人类化石是爪哇直立人，和这一假说正好吻合。

有些人种地理学家也主张中亚说，认为非、欧还有美洲原来是附属于亚洲的三个半岛，摊开地图就可以看出，人种由中亚向各方向分布是十分顺当的，以中亚作为散布中心，有层次地向四周逐渐扩展，就可以分布到这几个洲。

主张中亚起源说的人中间，对具体地点又各有各的说法。例如奥斯朋认为是蒙古和西藏，格雷戈里认为是蒙古和新疆，我国人类学家刘咸则认为是新疆和西藏一带。

除了中亚说，也有人主张北亚说。1889 年有人依据当时爱斯基摩人是北方最古老的人种的说法，提出了一个设想：人类各原始部落是在北方起源的，以后受到北方大冰期的严酷压迫，就以北亚为中心，向各方特别是南方迁移。但是这一假说没有得到科学事实的支持。

近年来，主张人类起源于南亚的人却越来越多了。这种假说最早还是海克尔在《自然创造史》一书里提出来的，海克尔还绘图表示现今各人种由南亚中心向外迁移的途径。

主张南亚起源说的人认为，首先，和人类亲缘关系相近的，除了非洲的黑猿和大猿，还有南亚的褐猿和长臂猿，它们的化石遗骸在南亚发现得很多。我们前面也提到过，最近有人用分子生物学的研究方法证明褐猿和人类的关系比非洲的猿类和人类的关系更密切，这又为南亚起源说提供了有利的论据。

其次，现在被看作人类直系祖先的拉玛猿是在南亚的西瓦立克丘陵地带的上中新统或下上新统地层里被大量发现的。在南亚和东南亚地区还找到了南猿型甚至可能是“能人”型的代表和它们使用的石器，有些人分析，在年代上可能和东非的材料不相上下。这一带也找到了更新世早期的直立人的遗骸和文化遗物，更不要说更新世中期的直立人阶段的许多代表了。有些古人类学家就根据世界上拉玛猿、南猿和更新世早期人类的发现地点分布情况，来证明人类的发祥地很可能就在南亚。

我国考古学家贾兰坡在20世纪70年代初曾经绘制了一张拉玛猿、南猿化石和早期人类文化地点分布图，图上拉玛猿的化石地点最西是东非肯尼亚的特南堡，中间是印度西拉姆的哈里塔良格尔，东面是我国云南开远，连接这三点成一个三角形，南亚正好在这个三角形的中心部位。早更新世人类化石和文化地点有：西南面的南非斯特克方丹，西北面的法国芒通，东北面的我国山西芮城西侯度，东南面的印度印尼亚桑吉兰地区。把这些地点联结起来成为一个四边形，这个四边形的中心部位和拉玛猿分布的三角形地区恰好相等。这个示意图说明了人类在中心地区南亚起源再向四面辐射的情况。所以有些科学家认为，南亚是人类摇篮的可能性更大些。

最近有的主张南亚说的人如孔尼华甚至把起源地区缩小到西瓦立克丘陵地区，理由是在这里发现了人类祖先拉玛猿（他认为肯尼亚猿不是拉玛猿），从该地区到印尼的桑吉兰和东非的奥尔杜韦峡谷地区距离相等，这两个地区都发现了同样古老的人类遗骸和文化遗物。人类原始祖先的这种分布情况和另一种古代动物剑齿象很相似，剑齿象的原始祖先也是在西瓦立克丘陵地区找到的。

解决人类发祥地问题还存在不少困难

根据上面几节的简要分析，首先排除掉所有那些在上新世晚期和这以前的时期没有高等灵长类（包括人类祖先在内）的地区，留下来的最可能作为人类发祥地的就是在亚非之间的地区。许多科学家主张是在这两洲靠近赤道附近的热带森林地区。范围更缩小一些的话，不少人认为是东非或南亚。究竟在哪里可能性更大些？还有待于更多的化石材料和深入的分析研究。

我们必须看到，解决人类发祥地问题是存在不少困难的。我们这里谈的人类发祥地是指人的系统（人科）从猿的系统（猿科）开始分化的地区。越往前溯，人类祖先在体质特征上跟猿类祖先越难分辨，人类远祖在过渡阶段使用的石器工具跟天然破碎的石块也越难区别。而且据推测，人类远祖从偶然地到频繁地使用“天然工具”的这类活动很可能不限于某一个别地点，而是在一个范围比较大的地区里的几处独立地发生的，由频繁地使用“天然工具”到有意识地制作工具更是这样，所以很难指出人类起源首先发生在哪里。一旦人们实现了制作工具的这个转变，就会很快地散布开去，也就很难具体地推出这一转变究竟是在哪里实现的了。

看来，我们还是探索一个范围有限的地区，而不是一两个具体的地点，比较切合实际。

人类的摇篮究竟在哪里？解决这个问题尽管有困难，但是随着实践的深入，我们的认识也会不断发展，总会把真相逐渐揭露出来的。

真有“野人”吗[①]

——神农架“野人”考察记

近几年，传闻在我国湖北神农架地区有一种浑身长毛、能直立行走的人形动物在活动，它们被称为“野人”或“毛人”。为此，自1974年，有关部门在该地区进行了多次考察活动。本文作者介绍了参加考察的见闻，并结合国际上有关“野人”的研究现状，提出了如下见解：不排除在某些原始林区里存在科学上有待搞清楚的人形动物的可能性；它们属于“人”的可能性极微，很可能是大型的人猿类，如“巨猿”的后代。世界各地的“野人”可能有共同的起源。

一 他们看到了什么

1976年5月14日凌晨，神农架林区党委六位干部，在湖北省房县与神农架林区交界处的椿树垭遇到了一头奇异动物。他们在距它一二米处包围住它，由于不知道它的厉害，没有敢动它，最后让它逃脱了。事后根据他们六个

---

① 原载《待揭之谜》，河南人民出版社，1980年版。原标题为“我们在追踪一个事实上并不存在的动物吗”。

人的回忆，科研人员一致认为这动物肯定不是熊。

下面是这六位同志的叙述：

> 事情是这样的：我们在郧阳地委开会，会毕，因任祈有（林区党委委员、“革委会”副主任）家的女儿得了急病，决定当晚赶到林区松香坪。在5月13日下午6时出发，到14日凌晨1点多钟，车子开过房县与林区交界处的椿树垭，在里程碑144～145千米之间，看见公路上有一个动物。蔡新志（汽车司机）好打猎，想搞到这个动物，于是立即加快车速，亮起大车灯，并按喇叭。这动物见到车子这个庞然大物，起身就往崖上爬，由于崖壁又高又陡，它没爬上去，滑了下来。这时车子差点轧上它了，它一转身就前后肢着地，抬头两眼对着车灯，形成后高前低、与人趴下时差不多的架势，臀部很大，大腿很粗。这时，除司机在车内按喇叭、放大灯外，其他五人都下了车。两人从路的这边，三人从路的那边，向它包围过去，距离只有一二米远，不敢走得太近。任祈有说：“我在前面，伸手就可以抓住它的腿。”林区党委委员、“革委会”副主任舒家国说：“我从小打猎，见过许多动物，但没有见过这样满身红毛的动物，不知道它的厉害，不敢动它。”后来，周忠义（农业局局长）拿起一块石头，打

到它的屁股上，这动物并不因此很快逃跑，而是
转过头去，顺沟而下，然后转向左侧爬上斜坡，
进入林中。

六人一致看到这动物有以下特点：

1. 毛细软，棕红色（有点像骆驼毛的颜色）。在前肢着地时，臂毛垂下约有 13 厘米长，背上有一条深枣红色毛，脸上麻色，脚毛发黑。他们从来没见过这种动物。

2. 腿又粗又长，大腿有饭碗粗，小腿细，前肢短，脚有软掌，走路无声，屁股肥大，身体很胖，腰粗约有 1 米，行动迟缓，走路笨拙。

3. 眼像人眼，不同于其他动物，无夜间反光。脸长，上宽下窄，很像马脑壳，鼻子在嘴的上方，嘴略突出，耳较人的大些，额有毛垂下。

4. 无尾，身长约 1.66 米。蔡司机估计，该奇异动物体重不超过 100 千克。

事隔不久，又发生了一件令人诧异的事：

6 月 19 日上午，房县桥上公社群力六队的一个女社员龚玉兰，带着她的 4 岁男孩上山去打猪草。当她翻过山垭时，突然发现离她五六米远处有一只棕红色的动物，正站着倚在一棵树上擦痒。那动物看到有人，很快就冲着龚玉兰追赶过来，吓得她抱起孩子急忙往山下奔去……

据龚玉兰回忆，这只动物比人高，约 1.8 米，呈红黑色，头发长，手和脚都有毛，用两条腿像人一样行走。她

告诉访问者说："当时真吓死人！我抱着孩子就跑，我跑了大约500米路转过身去看，已不见了。我气急呼呼地跑下山，到了队长家门口才松了口气。"

问："那家伙擦痒是怎样擦的?"

龚："两脚站着，跟人站着擦痒一样。"(龚站起来，用左肩上下作擦痒表演说，就是这样擦的。)

问："它追你时用几条腿?"

龚："它用两条腿，跟人一样追来，步子较大。"(龚玉兰站起来走了几步，步子像走正步那样。)

问："它有多高？毛色如何?"

龚："它比人高（约1.8米)，红黑色，头发长，手和脚都有毛。脸吓人，特别是它的嘴。"

访问者拿图片给她看，看了狗熊图片，她摇摇头。当看到站立的猩猩图片时，她大声说："就是这种样子。但毛不如我看到的那个长。"

问："是公的？还是母的?"

龚："公的！公的！那个（指生殖器）看得可清楚哪。它那两个眼睛圆圆的，又大又深，看起来真有点害怕。"

生产队长的老婆，对访问者叙述了龚玉兰那天见到"野人"后的情景。她说："龚玉兰到了我家门口，头上汗珠豆粒大，气喘吁吁地说：‘野人……野人……’”

任祈有等和龚玉兰到底看到了什么动物呢？真有“野人”吗？这些重要消息很快就传到了有关单位。

有关“野人”“毛人”的记载和传说由来已久

在房县和神农架林区，自古以来就传说有“毛人”（或“野人”）活动。根据武汉地质学院李仲均的考证，清代同治九年（公元 1871 年）王严恭重修的《郧阳府志》杂记卷八粹录中，转述了《房志稿》中的一段记载：“房山在城南四十里，高险幽远，四面石洞如房，多毛人，修（长）丈余，遍体生毛，时出山啮人鸡犬，拒者必遭攫搏，以炮枪击之，铅子落地，不能伤。相传见之即以手合拍，叫曰‘筑长城，筑长城’，则毛人仓皇去。父老言：‘秦时筑长城，人避入山中，岁久不死，遂成此怪，见人必问城修完否？以故知其所怯而吓之。’钱塘袁简斋枚曰：‘数千年后犹畏秦城，可想见始皇之威’。”以后袁枚在他所编的《新斋谐初集》卷二中亦有房县毛人的记载。由此而论，从房县县志中可知，至少在 200 多年前这里就盛传有“毛人”活动。

前不久，考古工作者曾从房县红塔公社高碑大队汉墓群中，发现了铜铸的摇钱树九子灯残片，其上有“毛人”

的形象，仔细观察可以发现它带有粗重的眉脊，有点带猿样。这个2000多年前汉代留下的“毛人”形象，有人认为是现实生活中存在似人动物的反映。

再往上追溯，战国时代楚国的大诗人屈原，在《楚辞·九歌》中写了一首《山鬼》的辞：

若有人兮山之阿，
被薜荔兮带女萝。
既含睇兮又宜笑，
子慕予兮善窈窕。
…………
山中人兮芳杜若，
饮石泉兮荫松柏。
君思我兮然疑作。

屈原是湖北秭归人，秭归就在神农架地区附近。屈原以优美的笔触描绘了“山鬼”，有人认为它就是“野人”的写照。尽管现在还没有明确的证据来证明这一点，但这首辞也许反映了流行在这一带被称为“山鬼”的人形动物的传说吧。

在我国古代其他文献中，有关“野人”的记载也是十分丰富的。从战国至明清，在《山海经》《尔雅》《淮南子》《尔雅翼》《酉阳杂俎》《太平御览》《本草纲目》《蠕范》《古今图书集成》等30多种古代文献中都有谈及。有关“野人”

的名称也多：如“赣巨人”“髴髴”“山”“山精”“山鬼”“山丈”“旱魃”“山都”等。有趣的是，据古代文献中所载，一种叫“狒狒”的“毛人”，抓到人的双臂后，会笑昏死过去，待醒来之后要饮人血，食人肉。为了防止被它所害，山区的老乡常常要带一副掏空的竹筒，进山时一见到“狒狒”，就将双臂套在竹筒里，待“狒狒”抓住竹筒而笑昏过去时，双臂退出竹筒就能乘机逃生。像这样的故事，在神农架地区也有流传。

由此看来，从战国时期到汉代，直到清代，在我国古代文献和考古材料中都有“毛人”或类似“毛人”的记载。

除了这些，还有大量的现代传闻，例如有两则看到“野人”的回忆，颇可介绍一番。

其一：

房县红塔公社马兰大队支部书记黄新合（63岁）及同队社员黄新民（84岁）、黄新奎（74岁），曾在1922年见到“野人”，他们回忆说：

> 黄新合：我那时不到10岁。一天，听说保安团赶“野人”下来，就在门缝里看。见到保安团几十条枪押着一个“野人”走来，用粗铁链捆着它的上身，后面拖着一根长铁链。当时一起看的人很多，现在还在队上的有黄新民、黄新奎。这“野人”约有1.6～2.0米高，满身毛，毛是棕色，根部是红色。手、脚都比人的长，手指、脚

趾也比人的长。手脚上也有长毛，身上毛也长。头发中间向上，后面向下披。身体相当粗壮，眼鼻像猩猩。我在武汉市动物园看过猩猩，“野人”和猩猩不同。猩猩手、脚没它长，猩猩毛根不是红色，它的脸部比猩猩宽大。猩猩多四脚爬，只有时两脚走，“野人”完全两脚走。

黄新民：我那时20多岁。当时是县城里保安团带着枪，用铁链捆着“野人”押下来的。下面有一个饭铺，他们在饭铺休息，后又把“野人”带走。这“野人”脚有30多厘米长，他们说这还不是大号的，是二号的。“野人”一身毛，红红的带黑色。它有时两脚走，有时四脚走。手像人手，可净是毛。脚像人脚，比人脚大。脚上毛色浅些，手掌、脚心无毛。听说是在神农架捉到的。

黄新奎：我那时十七八岁。这“野人”一身红毛，枣红色，有的地方黑黑的。保安团都带枪押着“野人”下来。有四个人抬着一个大半人高的木笼子。“野人”是两脚走，走时半弯着腰。它不走，就关进木笼，由人抬着走。脸是猴相，脸大，嘴突出，头脸都有毛，脸上毛短些。站起来有一人多高，比人粗壮些。他们休息时，把“野人”捆在树上。只捆“野人”上身，没捆手。“野人”和熊不一样，脑壳、手都不一样。听说押

“野人”往襄阳去，路过马兰。

其二：

周至县翠峰公社五联大队第六生产队队长庞根生，谈他在1977年6月上旬碰到“毛人”的情况：

我今年农历四月二十几到大底（地名）沟底砍辕木，上午11时至12时左右，我刚从窝棚起来就在沟底林中斜坡上与“毛人”相遇。“毛人”逐渐向我逼近，我害怕了，不断向后退缩，直退到背靠石壁不能再退为止。“毛人”逐渐由2.5米逼近到2米左右时站住，与我相持，我左手持斧准备搏斗，大约相持1个小时，我右手摸到一块直径10厘米左右的石块，左手持斧，右手拣起石头向“毛人”用力掷去，砸在“毛人”胸部，“毛人”大叫几声，并用左前肢抚摸被砸之处，向左转身，骑到一直径约10厘米的小树上，骑过小树，慢腾腾地向沟底走去，嘴里还不断发出咕噜咕噜的声音。“毛人”向我逼近时，两前肢不停地前后摆动，在与我相持时，两前肢在胸部抓舞上下摆动，头不时地后仰，嘴部张开不断地摇动，发出“啧啧”的声音。面部有时显出高兴的神态，当我砸完以后，脸由高兴神态转为凶相，并发出“吱拉拉”像拉猪时发出的叫声。

相遇前，我顺沟底行进，听到在相遇附近某处有像受惊的鸡叫声，又有像狗的叫声，又有像婴儿的啼哭声。行进中，不大工夫，在发出声音处与“毛人”相遇。

鸡叫声似“咯咯咯”，犬叫声似“汪汪汪”，婴孩声为“哇哇哇”。“毛人”高约 2.1 米，肩比人宽，胸肌发达凸起。头呈四方形，上额不突出，眼窝很深凹，鼻孔稍向上翘，鼻头像个网球，面颊凹进。耳像人耳但较大，眼珠圆形，比人眼大。下颌骨凸起，上下嘴唇外翻，呈方形，门齿宽像马牙，黄色，板状。眼仁黑，眼白带红丝。头发暗棕色，发长 30 多厘米，散披两肩，面部除鼻、耳均生短毛（比体毛短），体毛毛尖呈卷状，背毛比胸毛较长。头比成人头稍大，头发在额部搭于眉骨，面颊两边被头发遮住，两耳外露。

像这样的例子是不胜枚举的，本文一开始介绍的 1976 年所发生的两起遇到“野人”的事例，只不过是过去众多事例的延续。

“野人”研究史上空前规模的科考活动

山区群众遇到“野人”的消息不断从神农架地区传来，遂引起有关部门的注意。自 1974 年 6 月起，先后组织了几次小规模的调查，由于没有获得可靠证据，对传闻中的这种人形动物，不少人持怀疑的，甚至否定的态度。

1976年5月到6月，先后两次发生了多人同时近距离遇到该动物的事例，这就不能不引起科学界的重视。当年9月，由中国科学院组织的一支小型科学考察队来到现场，进行了近两个月的调查，获得不少重要资料。他们来到龚玉兰遇到“野人”的现场，令人惊奇的是，科学考察人员从动物擦过痒的那棵树上发现了不少毛发！发现毛发处离地约1.3米高。9月26日，另一支考察队来到该处调查时，科研人员在同一棵树离地1.8米处，发现了同样类型的毛发。

这些毛发经初步鉴定，看来并非来自一般的动物，而可能是灵长类动物的。

就在考察队调查过程中，又一件与“野人”相遇的事发生了。10月18日上午，房县安阳公社的一位小学教员何启翠，带领十多个小学生到天子坪一带搞小秋收。下午3点多钟，突然在西北方向看到一头红黄色两足行走的动物，在茅草丛中由东往西向坡上走去。当时一些年龄较小的学生吓得跑下山去。何启翠老师和四五个年龄较大的学生没有跑开，一直看着这头奇异动物走了好几十米，直到它翻过坡不见为止。

据目击者说，这个动物最初走了几步后，还停了下来，按顺时针方向在原地转了个圈，同时用右胳膊抹了一下脸，用手撩起长发，看了看他们师生，然后才向山坡走去。考察队员闻讯奔赴现场进行了调查，证明何启翠等人确实是看到了一头“毛人”。

1976 年的科学考察导致了更大规模考察活动的开展。次年 1 月在中国科学院和中共湖北省委的直接领导下，召开了有关开展鄂西北奇异动物科学考察的协作会议。会议决定在 1977 年组织较大规模的考察，科学考察以奇异动物为主要对象，并围绕这个专题观察奇异动物赖以生存的气候、地形、洞穴和动植物等生态条件。协作会议召开之后，即开始着手组队。

最后，正式参加考察队的队员有 100 多人，其中有科研单位和大专院校的地质学家、人类学家、动植物学家、博物馆和动物园的专业人员，以及有经验的猎手、战士和熟悉当地情况的地方干部。由主要考察人员成立了近十个考察小组和两个穿插考察支队。考察小组的任务是有计划地在重点地区分片蹲点，深入调查，广泛地发动和组织群众，积极寻找奇异动物活动的线索，并想尽一切办法追踪、观察和组织围捕，力争拿到可靠的直接证据。穿插支队的任务则是深入到封闭和半封闭状态的原始森林里去，在人迹罕至的地区探查是否存在适于奇异动物群体生活和繁殖的环境条件，并希望在穿插考察过程中，能幸运地碰上奇异动物，追踪和捕获它们。本文作者怀着浓厚的兴趣，并对该地区存在这种人形奇异动物抱着将信将疑的心情参加了这次科学考察，以穿插支队队长的身份，带领第二穿插支队，深入到原始森林里去追踪奇异动物，并在野外考察活动结束后，主持了对这次考察所获全部资料的研究和总结工作。

1977 年度的科学考察队于 3 月下旬进山考察，至 11 月底结束了野外考察活动，在山上历时 8 个月，最后有关专业人员又费 1 个月时间，进行了全年的科学考察业务总结。

这次考察，调查路线约 5000 千米，调查面积 1500 平方千米；考察中收集到更多有关奇异动物的资料，例如可能是该动物留下的脚印、粪便和毛发标本；对来自群众中的材料和线索，择其重要的进行了分析研究和复核，还组织了几次围捕活动。此外，还收集到大量与奇异动物生态环境有关的资料，这对深入了解神农架地区的动植物区系、地质、地貌、气候、环境的变迁，远古人类的活动，分析奇异动物可能生存的环境条件，提供了多方面的重要资料。

1977 年鄂西北奇异动物科学考察活动，无论是参加人员的为数之多、专业之众，从事考察的时间之长，进行考察的地区之广，还是考察项目之多，在世界“野人”研究史上都是空前的。

神农架地区复杂的自然环境

科学上对神农架地区并不生疏，通过 1977 年的考察，我们对该地区有了更深入的了解。

神农架地区究竟在哪里？打开地图册翻到湖北省，在它的西北部即东经 110°～111°与北纬 31°～32°之间有一片山区，它属于大巴山山系的东段，包括了神农架林区和房县的南山区，面积在 4000 平方千米以上，这就是我们要了解的神农架地区。它西与四川的东北部接壤，南边是长江天险三峡的巫峡西段和西陵峡，东连荆山，北邻武当山。

神农架在地质构造上是一个轴向近东西的背斜，神农架山系通过大巴山而与秦岭相接，是长江和汉水中游的分水岭。本地区海拔高度平均在 2000 米左右，主峰大神农架海拔 3054 米，素有“华中第一峰”之称。这里山势高峻，重峦叠嶂，特别是由于岩层相当紊乱，节理发育，加上水流长期侵蚀切割和地层间歇性的上升，不少地区形成山川交错、谷深壁陡的复杂地形。我们曾考察大神农架主峰到九冲河与三堆河交汇处的两河口一线，直线距离有限，可是海拔高差竟有 2500 米左右，沿途可以看到多级夷平面和一个形成于三峡期的显著的深切峡谷。

在石灰岩地区，岩层在侵蚀和切割的强烈作用下，广泛发育着喀斯特地形，岩壁林立，洞穴众多。此外在神农架主峰两侧一带，还保留不少第四纪冰川活动的遗迹，主要有古冰斗、冰蚀槽谷、冰碛泥砾和大漂砾等。地质学家袁振新等认为，本区至少可以划分出两个冰期和一个间冰期，两个冰期的时代初步定为更新世中期和晚期，不过这两个冰期的冰川作用范围和规模并不大，作用时间也不长，多属冰斗冰川型与冰斗-山谷冰川型。

从地形上看，神农架地区为我国西南高山带向华中中山带的过渡地带，从植被带和气候带来说，又属亚热带向温带过渡的地区，加上本区山体高耸，河谷深切，地势复杂，造成了许多小地形，小气候，因此植被类型和气候条件既错综又具有明显的垂直分带特点。

1977 年考察过程中曾采集植物标本 6800 多号，经由生物学家刘民壮等的研究，根据植被的外貌和种类组成，发现本区的植被种类相当广泛，可分为十种类型：常绿阔叶林、常绿落叶混交林、落叶阔叶林、华山松林、冷杉林、箭竹丛、亚高山灌丛、高山草甸、河漫滩灌丛草甸、沼泽草甸等，还有一些介于它们之间的过渡型。

从植被和气候的垂直分带来说，我们在考察沿线可以清楚地看到：

海拔 2200 米以上属高山带，气候寒冷，植被主要为暗针叶林带，并有大片的高山草甸和箭竹丛。针叶林以鄂西冷杉林为主，高山草甸在这里大片发展，有时深入林地，把冷杉林分隔成一片片的。草甸植物有柴胡、鹅肠、委陵菜、红花兰鹳草、柳兰、紫花碎米荠和蔓龙胆等。草甸上有时还有丛生灌木，如陇东海棠、湖北山楂、杜鹃、野樱桃和峨眉蔷薇等。

海拔 1700～2200 米属中山带，为亮针叶、落叶阔叶林带。自 1800 米以上经常云雾弥漫，湿度非常大，且时晴时雨，变化无常。

海拔 1000～1700 米，为中山带的下部，主要是常绿阔叶和落叶阔叶林带。近年来，随着本地区林业的发展，不少地段大树已被砍伐殆尽，而被次生林和灌木荒草所取代，只是在人迹罕至处仍保留大片封闭和半封闭状态的原始森林。

中山带植被的主要树种中，针叶林以华山松、冷杉为主；常绿树为刺叶栎、青冈栎、狭叶胡颓子和老鼠刺等；落叶树则有红桦木、鄂西山柳、泡桐、栓皮栎、毛栗、锐齿栎、槲树和箭竹等。

海拔1000米以下属低山带，植被属常绿阔叶落叶混交林，但主要为阔叶次生林带，多系人工种植的经济林。常绿树种中有青冈栎、樟树、石栎、新木姜子；落叶树有光桦、木荷树、油桐、杜仲、核桃树、山羊角树和悬钩子等；同时还有零星的马尾松分布。此外，山坡上还有大片的耕地，所种作物以玉米为主，气候湿润，在峡谷地带，可以看到带有亚热带色彩的野芭蕉和棕榈树。

由上述考察结果可以看到，鄂西北地区、低山河谷地区存在明显的亚热带气候条件，而从中山区到高山区，则有向温带乃至高寒地带过渡的趋势。

总的来说，本地区的植物区系属华中植物区系的一部分，并受南岭区系和西南高山区系的较大影响，反映出东西交错、南北过渡的特点。正因为如此，鄂西北神农架地区的植物树种特别丰富，有许多优良材质的经济树种，木材的蓄积量也大，特别是在茫茫林海中还保留了大量古老的第三纪残存树种——珙桐树、领春木、连香树、水青树和鹅掌楸等，说明了这里原始森林的古老性和受第四纪冰川的影响不大。在神农架地区不少地带还保留着封闭和半封闭状态的原始森林。

1977 年考察过程中采集到哺乳动物标本 100 号，鸟类标本 200 号，前者经生物学家李贵辉和江廷安等的研究，共有 43 种，可归为 7 目 22 科。后者经生物学家虞快等的研究，共有 132 种（包括亚种），计 16 目 38 科。虽然所收集的标本并不是神农架地区的全部，但从这些已有动物的成分来分析，仍可以看出本地区动物区系的特点。我国动物区系是以陕西秦岭为界，以北为古北界，多为北方种类，以南为东洋界，主要为华南种类。根据 1977 年调查的结果，本地区在哺乳动物方面，古北界代表种占全数的 50%，东洋界代表种占 25%，广布种为 25%；在鸟类方面，103 种本地繁殖的鸟类中，东洋界代表占 46.1%，古北界代表占 37.2%，广布种为 16.7%。由此可以看到，本地区动物区系方面虽然以南方种类为主，但同时又具有南北种类相互混杂和明显的过渡特点。

正如本地区气候和植被的垂直分带现象异常明显一样，本区的动物亦有明显的分带现象。例如鸟类东洋种多分布在低、中山带，而古北种多分布于中、高山带。

复杂的环境，多变的气候条件，广泛的植被类型，丰富的野生动物资源，是这里明显的特点。

根据 1977 年的调查，在神农架地区已证实的属于我国特产或世界稀有的一类保护动物有金丝猴、灰金丝猴；属二类保护动物的有毛冠鹿、云豹、小熊猫、大鲵、角雉；

属三类保护动物的有麝、鬣羚、猕猴、短尾猴、金鸡、长尾雉等。本地区的灵长类已基本调查清楚，一共有四种，即金丝猴、红面猴、猕猴及四川短尾猴（藏酋猴），其中金丝猴在湖北发现是首次记录。此外还有一种白熊，为数不少，是否可定新属或新种，还有待更深入的研究。

总之，神农架地区有着复杂的自然条件和丰富的野生动植物资源，是一座名副其实的“天然动物园和植物园”。在这环境中出现一些比较稀罕的，甚至不见以往记录的动物也是可能的。

对目击者的分析

神农架地区的奇异动物除了历史文献中的记载外，还有大量的近代传闻，现在我们已拥有百个以上的目击和传闻，不仅作了笔录，还有不少采访录音。1977 年我们对这些目击记进行了分类和研究，其中重点事例还反复作了实地调查和复核。在分析过程中，我们发现群众看到、听到、传说着的“野人”并不是单一的对象。据考查有这样几种情况：

一部分目击者处于精神紧张或恐惧状态，或相隔距离很远，误将某种动物看成“野人”，例如将猴子（多系金丝猴、四川短尾猴）、苏门羚（鬣羚）、熊等看作或传说是“野人”。

一部分是在流传过程中渲染夸大而失真，甚至误传了一些东西，也就是说是“无中生有”的。

还有一部分，经过反复核实，看来确是看到了一个怪动物。它们大体有这样的特点：身高 2 米左右；浑身是毛，毛色棕红，披头散发，头发很长；没有尾巴；公的生殖器很大，母的乳房显著；能直立行走……外形既不像熊又不像猴子。

然而，从目击者的反映来看，这种怪动物的身高和毛色有很大的变异。

我们曾从众多的事例中选出了 38 例，进行了进一步分析，这 38 例都是当事目击者亲自叙述的第一手材料，那些间接转述或目击情况不清楚的均未列入。38 例中除湖北外，还选有甘肃和陕西的几个例子。在这 38 例中，有 4 例经调查已被否定，几乎都是讲打死“野人”的，实际上，打死的都是熊。也就是说到目前为止，除了传闻外，尚未掌握到在鄂西北地区真正打死一个或活捉到一个“野人”的真凭实据。

也有些事例明显存疑，最有名的是两例：1974 年 5 月 1 日，房县桥上公社清溪沟大队“革委会”副主任殷洪发与一个浑身白毛的两脚走路像人一样的动物遭遇。当它伸出双手要抓殷时，殷用砍葛藤的砍刀，砍它的右臂，还用左手抓它的头发，该动物挣脱后逃走，殷抓了一撮头发下来。据殷说，这个动物高约 1.6 米，不像猴子，头和人头差不多大小，头发长约 20 厘米。由于是殷一个人见到，缺少旁的人证。带回的毛发经北京动物研究所鉴定，认为属于鬣羚项背部的长毛，故不能证明殷确实碰到“野人”，只好存疑。另一例是 1974 年 6 月 16 日，房县回龙区红卫公社 19 大队的饲养员朱国强，声称他在龙洞沟与一浑身棕毛的人样动物遭遇，并发生搏斗，后也因得不到旁的人证，在现场也未发现可靠的搏斗痕迹，而被质疑，不能成立。

像这类只有一个当事人而缺乏旁的人证和物证的事例还不少，尽管有的描述绘声绘色，似乎十分逼真，确有其事似的。

此外还有一类多人同时近距离与奇异动物相遇事例，这就不能像对待单个当事人的目击记那样，置于不置可否的地位了，而应当认真对待。其中最著名的几个事例已在前面介绍过，这里就不重复了。应该指出的是，这些事例基本上我都进行了复核：如 1977 年 11 月 18 日，我曾去房县安阳公社天子坪，复核何启翠师生遇到“野人”的事实。

在现场，何启翠和当时的目击者之一何相全同学进行了具体细微的介绍，表演了遇到“野人”的过程，还考察了现场，测量目击者与“野人”相距的距离和“野人”直立行走的距离。种种迹象表明，何启翠师生确实看到一个两足行走的奇异动物，由于距离较远，约 150 米，“野人”的具体形象是看不清的，它是朝斜侧西北方向翻过山梁走去的，直立行走的距离相当于常人的 30 步左右，其山坡上没有大树，当时还是绿草丛生，看来不可能与红树叶相混。

在现场我拍了一组照片，展示何启翠师生十多人遇到“野人”的现场。

毫无疑问，群众的传闻，特别是目击记，是我们据以进行进一步考察的线索和研究参考。

从这些材料中也可以看到它们之间有很大的相似性，但又有多样化的复杂性。拿目击者所反映的该类动物的毛色来看，竟有棕红毛长发、大红毛长发、白毛长发、麻毛长发和灰棕毛短发等类型，而且身高体型大小、脸型体态都有不同之处。有人认为这是野人的不同形态类型，甚至据此可分为不同的种性，也有人认为或许是性别差异，或年龄差异。

看来，对待近代的目击记，正像对待古代文献中的有关记载一样，也应持慎重态度。只有取得确凿的实据以后，才能作出科学上的最后验证，这就要求我们必须以科学的态度进行艰苦的工作，而不是在那里凭空臆测。

毛发、脚印和粪便:“野人”存在的间接证据

自 1974 年对神农架地区开展奇异动物考察以来，已先后多次获得传闻是“野人”留下的脚印和毛发。

关于毛发，其中部分已被否定，例如殷洪发所获“白毛野人”的毛发，被鉴定为苏门羚的鬣毛；1974 年还曾获得“红毛”，经动物研究所鉴定，指出该红毛显微观察组织结构近似金丝猴的背部长毛，根据显微镜及电子显微镜观察，不见红的色素粒，故推断其红色系人工染色所致，但是什么染的，为什么经处理后不褪色，目前尚未搞清楚。

不过，根据龚玉兰指引而在现场获得的毛发，经地质学家黄万波的鉴定与研究，却提供了重要信息：所采得的毛发分为两类，一类是细毛，略弯曲，质柔软，色黑，毛干呈圆柱形，少数尖端发黄，一般长 50 毫米左右，最长的几根达 200 毫米，从外形上粗一看很像人的头发。但是还有一类绒毛，柔软，呈绳纹状弯曲，浅灰色，一般长 30～40 毫米，最长的不超过 60 毫米，细毛根部有底绒，这不是人头发的特点。此外还做了胶膜印片和组织切片，并跟棕熊、黑熊、金丝猴、猩猩及人的毛发作了对比研究。从胶膜印片和组织切片上，可以看到毛发表面的鳞片结构和皮质、髓腔等内部构造。经观察，这些奇异动物毛发的表面鳞片呈复瓦状、间隔稀到中等、横纹曲折且髓腔窄小，这跟熊类毛发的鳞片呈波状排列、间隔密、横纹平缓不大相同，而跟灵长类毛发较为接近。初步鉴定至少否定了龚玉兰看到的是熊。

1977 年在考察过程中，也征集到不少传闻是“野人”毛的毛发标本，其中部分已被否定，如在秭归县龙江公社向启洪家征集到的“野人”皮和毛，经检视，毛发不是附生在皮上的，而是捆扎在一起的，不仅毛色红，连皮也呈红色。拆开捆扎的线，发现被扎处呈白色，很明显这份“野人”毛系利用动物毛人工染色的。

此外，在房县九道梁红吾大队及竹山县洪坪等地，也征集到一些红毛，细长柔软，长达 200 毫米。提供者声称是在山上捡到的，这些标本做过褪色试验，未能褪掉红色。

到目前为止，由于分析手段的欠缺，从毛发上还不能作出更进一步的确切的种属鉴别。故龚玉兰所遇到的到底是灵长类中的哪种动物，还有待今后进一步的工作。

有关神农架地区奇异动物的间接证据，除毛发外，还有脚印，从 1976 年起开始注意收集脚印的资料。

1976 年鄂西北奇异动物的脚印，是在房县桥上公社境内发现的。据黄万波等同志的研究，其中有两个较清晰，但因林密，地上落叶多，脚印保存不好，仅拍了照，没有制作模型。脚印长 28～32 厘米，前端宽约 12 厘米，后端宽 5～7 厘米；趾印呈卵圆形，有三到四个最清楚，约 3.5 厘米宽，7 厘米长，趾端平行排列，互相紧靠，在趾印前端还有粗钝而浅的爪痕隐约可见。足印的排列呈单行，有 1 米或 1 米多。黄认为从总的方面考虑，这个脚印的性质似乎更接近人类。

1977 年考察过程中，曾经根据群众报告的线索进行了两次大规模的围捕活动。5 月 25 日，16 岁的学生蔡国良跟他父亲在鲁家坡大龙洞沟，发现一个 1 米高的麻色奇异动物。得此线索后，考察队在此进行了大规模的围捕活动，可惜未能捕获到，在现场发现几个脚印，长约 30 厘米，脚趾并拢，可惜未浇制模型。

8 月 31 日青年工人肖兴扬在泮水公社铁炉大队龙洞沟后侧的树林中伐木，碰上奇异动物。据他反映，当时他听到前方沟边小梁子有树枝响。“我就朝响声处张望，突然在距我约 15 米处的树丛里探出一个圆圆的脑袋，接着看见它的肩膀和伸向前方抓握树枝的手，它握住树枝后，向前伸出一条腿，蹬稳之后，就冒出了一个高约一米五六的‘毛人’来。它硬是个人样，浑身长毛，像个干瘦的老人。它浑身的毛有三四厘米长，贴身长着，毛色呈深棕色，头发只有五六厘米长，是向后背起的。我是从它的右侧看它的，它向上走了五六米远，突然转过脸来盯着看我，这样我也就看清了它的面相，就像一个很瘦的人的脸，只是嘴有点像门牙往前龇开的人的嘴那样鼓鼓的，眼窝和鼻梁凹陷，窄小的鼻孔有点往上翘……看了一会，我心里感到害怕了，就转身跑回去，告诉另外两个同伴。”

以后我们又找到另外两个青年工人，其中钱海林谈到：“当时小肖跑回来时，脸色都变了，神色紧张地告诉我：‘那边不知有个什么东西……’我问是什么样子，小肖说：‘站着走路，浑身是毛，一人多高，硬是个人样。’这时毛长福也来了，就在这时候，我们三人同时听到‘呜——！呜——！’的叫声，前一声粗些，后一声尖些，听得出离我们不远，大约有40米的光景。小毛学着叫了一声，它就不叫了，我们有点害怕，没跟上去看。中午下山报告了队里的领导。”

目击者近距离亲眼看到了“毛人”，同时多人听到它的叫声，这件事很快就反映到了考察办公室。第二天，考察办公室一方面派人奔赴现场深入调查，另一方面调动考察队伍进行围捕。调查组在现场看到了三个脚印，其中一个比较清楚。

9月2日，鄂西北奇异动物科学考察队的一个支队从神农架林区的密林中赶到了龙洞沟，和当地有经验的猎手在外围布置了包围圈，并在发现区域约25平方千米的范围内进行了仔细的搜索。他们在密林中又发现了不少脚印，形状与最初发现的相似，并呈单行排列，两脚印之间的距离约65厘米。此外还发现可能是该动物吃剩的植物，在距肖兴扬发现奇异动物不远处，还找到了两堆疑是该动物的粪便，在粪便的周围都有相同类型的脚印。

最初，穿插支队的搜索没有成功，以后又集结了7个考察组，共同配合，从9月25日起进一步展开搜索和考察，直到10月26日止，终因考察区内山体过大，地形复杂，沟深林密，没有找到该动物。

根据这次发现脚印的石膏模型、照片，结合现场观察记录，我试作如下复原：脚印全长24.5厘米，前宽11.4厘米，中腰宽6.5厘米，后跟宽6厘米，大趾与第二趾端部距2.5厘米，大趾与脚印中轴呈30度夹角。

这个脚印的特点是，脚掌长，前宽后窄，大趾叉开，大趾与第二、第五趾印痕较清楚，没有明显的足弓。这种脚印显然不是熊的，在那个地区熊的脚印是不少的，极易分辨，虽然熊的前后掌有时叠印起来也能造成“大脚印”，但与“奇异动物”的脚印对比，其差别是一目了然的。

根据现场观察，脚印间距65厘米，成单行排列，说明是两足站立行走的。但从整个脚印微向内侧弯曲，趾长可能占全脚长的1/4，大脚趾位置低于其余4趾，且叉开一边、与其余4趾有较大的夹角这几点看来，表明这种脚还有一定程度的抓握能力，这是较为接近猿类的特点。后跟相对的窄小，又缺乏足弓，说明其直立是不够稳定的。从脚型总的显示，它的直立性比人类差，而比已知的现代猿类要进步，看来这种脚印似乎混合了人和猿的双重特点，但接近猿的程度显然要大得多。

此外，1977年10月下旬，考察队一个小组的刘民壮等同志在神农架林区阴峪河地区台子上（地名）调查时，据林业工人反映，当年6月在修公路的时候曾经发现奇异动物。考察人员在目击者的带领下到达五尺沟现场，也发现了20多个脚印，怀疑是奇异动物留下来的，并浇铸了石膏模型。本文作者也在该现场进行了观察，因为这些脚印是4个月前留下的，日晒雨淋为时过久，变形太大，只能作为可能出现奇异动物的线索而已。

前面提及，在追踪过程中，在两处地点还找到一些粪便，粪便四周都有奇异动物脚印，且离肖兴扬发现该动物处不远。据袁振新观察，粪便呈筒状、条状，横切面呈圆形，直径2～2.5厘米，估计500克左右。食物残渣较细，成分有植物根、茎、叶纤维，小果皮碎片，并有多量昆虫小甲壳，很可能这两处粪便是奇异动物留下的。

疑是奇异动物留下的这些毛发、粪便和脚印，都是有关奇异动物可能存在的间接证据。不过众多的标本经过分析后，真正有科学价值的并不多，而且研究还很不深入，因此要从中得到比较确切的结论，还有很大困难。“传说、目击者的报告、脚印的照片以及浇铸的石膏模型等资料与日俱增，造成一片混乱的消息，并且似乎漫无止境。”这是世界“野人”研究面临的处境，如果我们对国内“野人”的研究不持积极和慎重的科学态度，也将会陷于这种窘境。

是捕风捉影，还是待揭之谜

目前，自然界有几个待揭之谜在勾起人们莫大的兴趣：天上飞的“飞碟”（“飞行的未知物体”），有些人认为它是“地外文明的使者”；尼斯湖中的怪兽——是否是亿万年前的蛇颈龙的残存后代？众说纷纭。还有就是本文着重谈的“野人”，正因为它与我们人类本身有关，更激起人们的好奇心理和探究的欲望，也正因为它是个引人入胜的题材，不免会被渲染上神奇的色彩，甚至牵强附会地加上种种虚妄的内容，正如有人曾指出：“野人使人幻想——同时也给了胡说的机会……”更有甚者，会被一些别有用心的人利用来招摇撞骗，这就败坏了“野人”这一严肃的科研课题的声誉。大量的目击记和传闻中，真正有科学价值的寥若晨星，许多科学家对此抱有怀疑，甚至因偏见和囿于现有的观念而持否定态度，这是不奇怪的。

事情也真凑巧，1969 年“沙斯夸支”（“美国大脚野人”）被摄入电影镜头，1972 年“雪人”就在克罗宁的帐篷边漫步，而 1976 年神农架林区 6 位干部遇到奇异动物，可以说这几个事例都是人形奇异动物近在咫尺、唾手可得的情况下，竟被它们逃脱了！否则就一举揭谜了，难怪有人感叹道：“说不定我们的科学只善于发展宇宙飞船和微生物学，但是一种庞大的人猿和我们同居在一个拥挤的星球上，我们却不能找到它！”

难道我们只是在捕风捉影？在神农架的崇山峻岭中，在茫茫的原始林海里，我们攀悬崖，涉急流，迎暴风，穿密林……难道是在追踪一个根本不存在的生物？

我是怀着对这种人形动物是否存在的将信将疑的心理来到神农架的，但我从未相信它就是人类范畴的动物。正像克罗宁是怀着对雪人是否存在的将信将疑的心情，来到尼泊尔东部荒僻的阿安谷进行考察，在亲眼目睹了雪人新鲜脚印后，对它的存在确信不疑一样。经过在神农架地区的考察活动，特别是在原始林区里穿插，现在我已不怀疑世界上可能存在这种所谓“野人”的奇异动物。考察研究也进一步坚定了我原先的看法：它们不可能是人。因为从目前已有的材料看，它们不会制作和使用工具，没有语言，也缺乏社会组织。在穿插考察中，我们没有发现任何有关它们群体生活的明显迹象。甚至对“沙斯夸支”这种外形上更接近人的奇异动物，我也持如此看法。

我感到它们有可能存在，这首先是由于各地区有关“野人”的传说长时期存在，绝非偶然，这是有客观实体存在的影子。不然，为什么这种传说、目击记局限在有限地区，而非到处都有呢？其次，确实有些事例，需要作出科学的解释，不能漠视或轻率地否定。

在地史上的第四纪，我国华南地区广泛生存着“大熊猫-巨猿-剑齿象”动物群，包括若干典型的哺乳动物，如：大熊猫、猩猩（褐猿）、金丝猴、犀牛、貘、马等。随着地史的变化，这个动物群中不少种类在我国境内已灭绝，但有一些种类仍然生存在局部地区。其中最有名的如大熊猫，在四川西北部、甘肃和青海毗连的地区仍有生存。这个动物群中是否还有另一些成员仍保存在诸如鄂西北的原始林区呢？这也是很难说的。

世界上的“野人”，据目击者反映，外形颇似大型的猿类，所以曾有不少学者推测，所谓“野人”是否是巨猿？关于神农架地区的奇异动物也有巨猿后代一说的，当然还有拉玛猿后代之说，还有大猿（大猩猩）之说，甚至有“南猿”残存代表之说。我是倾向“巨猿”说的。关于“沙斯夸支”，如果美洲存在猿类，这确实是个值得探讨的问题。因为在古老地层中从未找到确实的猿类化石，所以我在《“野人”之谜》[①] 一文中曾推测，“雪人”、神农架地区奇异动物与“沙斯夸支”有共同起源的可能性。如果它们是灵长类，很可能都是巨猿的后代，其中一支在地史上某个时期，通过白令陆桥到达美洲而成为“沙斯夸支”。这些巨猿后代体质形态上的差异，可能是地区性的差别，也可能是进化程度的差异。当然，这不过是一种推测而已。

在神农架地区要搞清奇异动物，一方面固然要下功夫

① 载1978年10月号《科学实验》。

去捕获它，能找到血肉之躯最好，至少也要搞到骨骼，特别是牙齿，才能解决问题；另一方面，还要搞清楚一些可能引起“野人”或“毛人”错觉的其他生物。

这里应特别提出的是，有两种动物尚未搞清楚，它们可能与部分传说中的“野人”有关。

一是“大青猴”，群众又叫“偷食猴”或“马力猴”（麻栗猴）。据群众的反映和我们有的同志在野外观察到，它可能是四川断尾猴的一种，即藏酋猴。据称它在此地单独或成对活动，个体相当大，最高可达150厘米，如同十三四岁男孩那么高（林区来的考察队员曾有人反映过去亲眼见到过）。如真能捕获到，这确是猴类中巨大个体的新纪录和动物学上的新发现。从它的生态习性看，说不定部分的“野人”事例与它的活动有关。

一是“人熊”（棕熊）。这里究竟有没有棕熊还没有搞清楚，群众反映说有，但我们尚未捕获到。在我国东北，棕熊能直立，脚印既大又像人脚印，故被称为“人熊”。神农架林区也有“人熊”之说，群众曾反映“人熊”能站着走，能站着掰包谷，包谷秆不断。不过经过部分事例的查证，证明这乃是黑熊所为。所谓“野人”掰包谷，包谷秆不断，基本也搞清，亦为熊所干。是不是这里有棕熊之类的“人熊”？部分群众反映，有种棕红色的动物在树上活动，能站起来，看不出尾巴，脑袋像“马脑壳”，大脚板，喜欢吃蜂蜜，还抱着蜂桶走好远……根据这些特点看，很像是棕熊的形态和习性。正是据此，有人就认为1976年林区 6 位干部看到的奇异动物就是“棕熊”。如果搞清楚这里确实有棕熊存在，不排除部分“野人”事例与它有关。

撇除这些，我看在鄂西北神农架地区的原始密林中，可能存在一种科学上有待搞清楚的人形动物。这是一个自然界之大谜，只要我们进一步深入考察，踏实调查，这个谜终究会揭晓的。

罕见的人体变异现象[①]

人体，是动物界亿万年来进化的产物。当你看到年轻的体操运动员随着乐曲的旋律翻滚、旋转、鱼跃……你会情不自禁地赞叹：多健美的身躯啊，真是大自然的杰作！然而，你可知道，人体还有许多不那么“健美”的变异或异常现象呢！

1980 年 8 月底，我在杭州参加会诊了一名伴有“巨乳”现象的毛人。她是一位实足年龄 19 岁的少女，浑身是毛，满脸也是毛，而且具有毛人所特有的形态，如宽鼻、厚唇、鼓嘴，牙齿发育不全而排列紊乱。最为奇特的是她有三个乳房，一个在左侧腋窝前，大如鸡卵，这是个“副乳”，即“附加的乳房”；另外两个在胸部正常位置上，但硕大无比，叫人难以置信，长 40 多厘米，中间围粗达 57 厘米，如果仰卧下来，巨乳就像两个足月的婴儿躺在两边吃奶，站立时双乳下垂可达下腹部，而且现在还在继续增大。

同年 9 月，我来到云南，在宜良又考察了两名“无毛

---

① 原载《科学之春》杂志，1981 年第 1 期。原标题为“从‘无毛人’和‘巨乳毛人’谈人体变异”。

人”。跟毛人的多毛现象相反，在他俩的面部和身上没有任何毛发，皮肤异常光洁，只是头部局部、腋部和阴部的皮下有黑色毛囊的痕迹。他俩的手指甲和脚趾甲的甲体残缺，呈匙状，这一性状在他俩的其他亲属身上也存在。他俩属于“有汗型”的无毛人，即排汗机能正常。最近我还见到一则报道，说在浙江省肖山县发现一个 15 岁的无毛男孩。据称全身仅有“几根稀疏的棕黄色的头发”，如此说来似应为“寡毛症”。更奇特的是，他浑身皮肤平滑光亮，终年不出汗，夏天要在肩背上披遮一块湿毛巾，还要下河洗澡十几次，否则会感到浑身紧绷不适，夜晚更需在身上盖满湿毛巾方可入睡。这样看来又该系“无汗型”无毛人。

“无毛人”和“巨乳人”都是罕见的人体变异的例子，不仅在国内，即使在国外也是极为少有的，具有相当高的科研价值。对他们的发现已引起学术界的极大重视。

根据现代科学的研究，我们得知人体变异现象基本有两类：一是病理性的，二是生理性的。由于病理因素引起的变异现象在人体上是相当多的，特别是内分泌紊乱或失调造成的变异（“病变”）更为常见。人脑的底部有一“垂体”结构，它是内分泌腺的枢纽，能分泌多种激素调节人体的新陈代谢和生长发育，并调节其他内分泌腺的活动。在人的幼年时期，若脑垂体分泌生长素不足，则导致生长迟缓，身材矮小，到了成年身高一般不会超过 70 厘米，成为“侏儒”；若这一时期的生长素分泌过多，则生长过速，成为“巨人”，身高可有 2.6 米以上。若在幼年时正常，而到成年时它分泌得过多，则患者的手指、脚趾、鼻端、下巴颏儿会变得肥大起来，成为“肢端肥大症”。垂体能促进甲状腺的发育和分泌作用，如果在婴儿、幼儿时期甲状腺机能不足，分泌激素过少，又会引发“呆小症”，出现身材矮小、智力低下、生殖器发育不全等症状。而肾上腺素的过多分泌则会引起“多毛症”，如果表现在女性身上，则出现胡须和全身多毛。

至于生理性的变异在人体上又有多种情况，有的因性别、年龄和地区（特别是种族）的不同而使体表的某些部分呈现形态上的变异，例如我们黄色人种有黄色皮肤、直型头发、中等厚的口唇、宽大的面庞；白色人种则有浅淡的肤色、波状发、高耸的鼻梁、较窄的面孔……有的变异是“返祖现象”所致，例如多毛现象中的先天性多毛症即是，“副乳”现象亦然。这种变异是由于发育过程中某种尚未搞清楚的原因，使得人体一些性状回复到祖先状态。杭州那位“巨乳毛人”，既是“毛人”，又有“副乳”，这是双重返祖于一个个体的例子。

安徽长丰县发现一位妇女，1978 年生了一个女毛孩，由于难产而施行剖腹术，在剖腹时却意外地发现她具有双阴道、双子宫！她以前生的孩子是在较大的那个子宫里怀胎的，而这个毛孩却怀在另一个较小的副子宫里。这是连续两代返祖的例子。所有这些“多毛”“副乳”“双阴道”“双子宫”等原始性状在现代人体上出现，表明它们曾是人类远祖身上发生过一定作用的正常结构，以后在进化过程中却退化了——这是人类起源于动物界的科学证据之一。

在生理性的变异中，还有一种情况是属于遗传性的，如由于遗传基因的突变而引起的人体变异现象。昆明医学院乔学清同志研究了宜良“无毛人”后认为，杨氏兄弟的无毛症无毛基因来自母体基因突变的结果，它的遗传方式是性连锁隐性，而杨氏家属指、趾甲体缺损则是不完全隐性（半显性）遗传。

当然，关于人体变异现象的成因，在科学上有着许多不同的解释。在“毛人”的研究上，最近就曾有人提出“多毛未必是返祖现象”的观点。即使是遗传性引起的变异也有些是属于病理性的，谓之“遗传病”，而两性畸形（阴阳人）也可能与遗传有关。

关于“巨乳毛人”的巨乳现象，我曾经设想过，这里是否有返祖问题。因为远在一两万年前原始人的艺术作品（比如壁画和塑像）中，有一批女性形象就具有巨大的乳房和肥大的臀部，考古学上曾认为这种夸大女性特征的做法，是母系社会里对女性崇拜的表现。但是否也可能如实反映了当时妇女的特征呢？难道远古时代的艺术家们全凭主观想象而没有具体的实体作为模特儿？这是无法回答的问题。不过，在现代少数民族中确也发现过肥大“脂肪臀”的实例。如非洲的霍屯督人和布须曼人，他们的女性就是带有肥大臀部的，其形态与旧石器晚期中的这些女性塑像还颇为相似呢！所以，原始艺术家的作品究竟是写实的还是变形的，恐怕还不能贸然作出回答。另一方面，我认为杭州巨乳毛人的出现似乎跟内分泌有关，因为乳房加速生长是在该毛人17周岁月经初潮后才开始的，此后的月经来潮又颇不正常……总之，研究可以从多方面进行，结论不必过早下。

对人体变异现象的研究，不仅在学术上而且在医疗实践和优生学上都具有重要意义。搞清其发生机制和探索矫形治疗的途径，将有助于防止这类变异现象的产生并对其进行治疗。现在，我国学术界对这类变异已不再停留在一般形态的描述上，而是从多学科的综合研究着手，可以预料，将会取得多方面的成果。

人体既是健美的——这是大自然的杰作，但有时也会有缺陷——也许这是大自然的疏忽吧？然而人毕竟是人，他们不断探究着、摸索着，将弥补大自然留下的缺陷，使人体更加健康、更加美好！

少年朋友们，旅行去[①]

亲爱的少年朋友，你喜欢旅行吗？特别是到大自然里去旅行。我可喜欢着呢，当我还像你们这样大的时候，就幻想着到大自然里去，尤其是到我生疏的地方，去瞧瞧大自然的种种奥秘。

我的家乡——江苏南通市是在离浩浩荡荡的长江入海处不很远的地方，只要有机会，我总喜欢跑到江边，望着那滔滔东去的大江，真想乘着鼓起风帆的船儿顺流入海，到天边去遨游。夏日，我喜欢躺在江边的沙滩上，仰望着蓝天里冉冉移动的浮云，它们变幻着形状，有时像一群温顺的小羊，有时又像狰狞的猛兽，仿佛要扑过来；冬天，我曾冒着风雪攀登上临江的狼山之巅，看那片片的雪花在大地上空飞舞。自然界是多么奇妙啊！

你一定会注意到，春天，万物在苏醒，一片充满生气的绿色；秋天，收获的季节，到处是金黄色；夏天，雷电交加；冬天，茫茫白雪。少年朋友！快投身到大自然里去漫游吧，旅行会开阔你的眼界和心胸，增加你的知识和智

---

① 本文作于 1981 年 1 月 1～3 日，原载《震惊世界的失窃案》，河南科学技术出版社，1982 年版。

慧，你会发现许多意想不到的新天地，将给你的好奇心和探索欲以极大的满足，旅行还会锻炼你的意志力呢！

在我走上工作岗位后，频繁的野外工作虽然艰苦、劳顿，然而却给我提供了旅行的极好条件，什么我都想知道，什么我都愿意探索。今年我有机会来到了东北，来到了多年来盼望见到的镜泊湖，我终于乘船漂游在它的怀抱，欣赏着迷人的湖光山色。我去了火山地区，探究了“地下森林”，原来它是生长在火山口里的林子啊，确切地应称它为“火口林”。在去“火口林”的途中，我还从来没有看到过，沿途的野花丛里竟有那么多的蝴蝶，我禁不住下车去捕捉一番！我还到了“五大连池”地区，在那里专门考察了火山地区的种种奇景。250 年前，这里火山爆发，熔岩四溢，它们喷着火花和热气，打着旋涡，翻滚着奔泻而下，慢慢地它们冷却了，凝结了，现在呈现在你眼前的，是一片黑色的景象。凝固的熔岩还保持着当时流动时的状态，如绳索状、爬虫状、象鼻状，什么“翻花石”“喷气孔”……仿佛什么神奇的魔棒点了一下，一起骤然静止、固结了，当时的一切全都完整地保存了下来。站在这片冷却了的黑色熔岩的海洋上，你设想一下恢复到当时的情景，你仿佛看到炽热的熔岩如火蛇翻动，热气烤人，火光刺眼，耳朵里充满轰轰然的吼声……

我还去探究了火山熔岩的“熔洞”——“熔岩隧道”，比起石灰岩地区的溶洞另有一套奇妙的构造。这里我不描述它，将来由你们亲自去探究吧！

不久，我又来到了祖国的西南边疆——云南，这里我不准备详述可与闻名中外的路南“石林”相媲美的“班果土林”，也不多说我们冒着瓢泼的大雨在元谋盆地寻找古人遗迹的种种遭遇，要告诉你们的是，我去漫游考察了“恐龙山”——这也是我多年来所向往的啊！

“恐龙山”在著名的“恐龙之乡”——禄丰县。禄丰是个南北伸延的河谷盆地，位于滇中高原，与昆明相距100多千米，有五台山脉环绕四周。清晨，我们在县文化馆王正举同志陪同下，踩着泥泞的山路朝“恐龙山”进发。山路一旁是蜿蜒曲折的“东河”，雨后河水暴涨，浑浊的红色泥浆在翻滚着，它流啊流啊，下游即是著名的“红水河”，倚山的一侧是由红色、紫红色的砂岩、页岩和泥岩所构成的“红层”，恐龙化石就产自这些红层之中。

跨越了东河之上的石桥，不久就有一道水坝拦住一个“黑龙潭”，站在潭前就可看到远处横亘着一片连绵的山冈，老王告诉我们这就是盛产恐龙化石的“恐龙山”了。老王引着我们由石门坎翻上了山，到达滴水岩，只见红层已被多年来的雨水所冲刷、侵蚀，形成了一条条山沟——“冲沟”，就在这条条冲沟两侧的坡面上，时而可见恐龙骨化石的碎块被雨水冲刷而暴露了出来。

我们急于想去的地方叫“黑果蓬”，因为那里不仅有恐龙化石，还有不少原始的哺乳动物化石可寻。北京的老专家周明镇教授，知道我们要去恐龙山，临行时嘱咐我们一定要去那里“猎取点小动物化石”！

“黑果蓬”在恐龙山顶部的一侧，由几个小丘所组成。刚到此不久，眼尖的老王就找到一处恐龙化石。骨化石部分暴露在地表上，我们轻轻地往深处挖去，清理开围土，竟是恐龙的两个利爪！恐龙是古代的爬行动物，由爬行动物发展到更高等的动物，就是哺乳动物，禄丰地区在古生物学上所以闻名中外，就是因为在这里不仅有丰富的恐龙化石，还能找到由爬行动物向哺乳动物进化的中间环节以及原始的哺乳类化石。由于它们个体小，我们几乎趴在地上搜索着，虽然没有找到对研究最有价值的头骨和下牙床化石，倒也找到不少小型肢骨，可能就是这些小动物的吧。

我们又来到一个叫“厂房梁子”的山头，同行的小余，一下子找到好几个恐龙的牙齿，有的像刀一样锋利，两侧还有锯齿呢，这可能是生活在距今 1.8 亿年前的肉食龙“三叠中国龙”的。老王找到一个下颌体残段，在附近还发现一个细小瘦弱形如叶片的牙齿，推测它们可能是素食龙的，是叫作“禄丰龙”的恐龙留下的。我们在当地老乡的指引下找到了两处恐龙化石相当密集的地方，很可能这里埋着比较完整的骨架，我们准备通知有关同志来组织发掘。若真的发掘出完整骨架，说不定哪一天你们到北京自然博物馆来，可以看到它们耸立在古生物陈列大厅里呢！

看看这遍地的恐龙化石，你不禁又会疑窦丛生，恐龙怎么会灭绝呢？现在有那么多的说法，究竟哪一种解释更切合实际？会不会残留下一支，就像报纸上说的，在苏格兰尼斯湖里成为不可捉摸的“怪兽”？

“恐龙山”的考察，不仅得偿我多年的夙愿，更激起我对许多问题想进一步探求的愿望，其实我在这篇文章里所谈的许多见闻，每一件都可以扩展为一篇较完整的科学小品，介绍更多的内容，探索更多方面的问题。我没有这么做，为的是让你们读后有更大的想象余地，激起你们更多研究探索的愿望。

站在“恐龙山”头，俯视这遍处是恐龙化石的山坡，我的思绪被引向遥远的远古时代。这里本是一个很大的湖泊，湖边长满了茂密的蕨类植物，成片的苏铁，还有高大的银杏树，山坡高处则是片片的松柏，各色各样的恐龙为生存而角逐着……正当作为当时地球上统治者的恐龙不可一世之时，原始的哺乳动物已从恐龙类中的一支逐渐演化而来，随着岁月的流逝，生存斗争的推动，终于异军突起，替代了庞然大物的恐龙而成为地球上占优势的动物——哺乳动物，由此才产生了人类……

少年朋友，你不喜欢旅行吗？我愿你爱上这个有趣的活动，抓紧一切机会去实行吧！旅行中会碰到不少困难，但更会带给你无限的乐趣，带给你更多的知识，甚至会引导你走上未来从事某一专业的道路呢！

峨眉纪游[①]

古来评赞峨眉山，或称“震旦第一”，或誉“高出五岳，秀甲九州”……为此游览峨眉之心，早已有之，怎奈千里之遥，难遂心愿。

1979 年 4 月，在成都开过科普创作座谈会之后，热情的主人邀请我们去峨眉作科学旅行，此愿终于得偿。

汽车载着欢乐的人群穿行在成都平原上，麦苗和油菜形成的绿浪滚滚滔滔，真使人有置身于海上的感觉。当太阳西沉的时候，晚霞染红了天际。在一片橘色云彩的映衬下，一座巍峨的高山突兀眼前。远远望去，但见群峰剑笏，丘壑万变，云蒸霞蔚，雾笼烟罨。随着汽车的飞驰，山郭逐渐变得清晰，一座高大的牌坊映入眼帘，牌坊上横书有“天下名山”四个大字，乃郭沫若同志的手笔。峨眉山下，正是文化巨匠郭沫若的故乡。

过了那牌坊，前面就是报国寺。这座花园式的寺院是峨眉游览者的第一个接待站，精巧雅致的亭台阁榭，掩映在苍楠翠柏之间，馥郁芬芳的香草花卉，铺垫在数座园庭

---

① 本文作于 1980 年 8 月，参加写作的还有龚讯。原载《震惊世界的失窃案》，河南科学技术出版社，1982 年版。

之内。使人最为惊叹的，要算矗立于七佛殿前的那座圣积寺铜塔，这座高达 7 米的佛塔，纯系紫铜铸造而成，产生于 16 世纪的能工巧匠之手。塔的四周铸刻有 4700 余尊佛像和《华严经》的全文。

在一座峨眉山全景的电动模型前面，导游的同志向我们介绍了峨眉山各主要风景点的情况。据峨眉县志记载，清光绪年间，谭钟岳绘峨眉全图时，复另绘十图，各附一诗。这十幅图就是“金顶祥光”“灵岩叠翠”“圣寺晓钟”“象池夜月”“白水秋风”“洪椿晓雨”“双桥清音”“九老仙府”“大坪霁雪”“萝峰晴云”，也就是我们平时所说的峨眉十景。除了十景之外，尚有四奇：日出、云海、佛光、圣灯。十景分布在峨眉各处，而四奇却集中于金顶一地。特别是“峨眉佛光”，更有一种神奇的诱人力量：每当云海平荡、日明风静的下午，阳光透过云层，就会在舍身崖下，形成一圈圈彩色光环，“光环随人动，人影在环中”。这是一种多么奇妙的景象！多数登金顶者的勇气，恐怕都是来自这种奇妙景观的鼓动。

第二天，我们就驱车向金顶进发，一路上，我们只恨车行太慢，因为大家都希望能赶上当天下午的佛光。

“要有直升机该多好呀!”一个同志感叹地说。

“等你下次再来的时候，也许可以坐直升机哩。”导游接上一句，车内爆发了一阵爽快的笑声。

可是，这种笑声不久就消失了。天空聚集着乌云，太阳被乌云遮没了。远处的天际，不时传来阵阵沉闷的雷声，雨就要来了。倒霉的天气，真叫人扫兴！

中午，车到双水井，雨已经淅淅沥沥地下了一个多小时。从这里到金顶虽然只有两个多小时的路程，但当人们的兴趣被雨水浇灭以后，两小时显然上不去了。

大家在泥泞的小道上跋涉，凭着手中的拐杖，互相搀扶着前进。当我们跌跌撞撞地走完了一段滑溜溜的小道以后，接着就是乱石坡。在雨天踩着乱石前进，随时都有摔倒的危险。但是，事已至此，也只好破釜沉舟，背水一战了。

登上金顶，已是下午 4 点。狂风卷着雨丝，使人感到难以忍受的寒冷，虽说置身于海拔 3000 多米的招待所的木板房子里，烤着炉火，却仍然抵挡不住寒冷的袭击。服务员送来了皮大衣以后，我们才鼓起了到户外游览的勇气。

在这样的环境中，带着这样的心情去观看景色，与其说是一种欣赏，不如说是一种惩罚。一座电视转发站的铁塔屹立于峰顶的最高处，离它不远的气象观测站的风标在不停地旋转。金顶上的一座寺庙在几年以前遭受了一场火灾之后，已经只剩下断壁残垣了。我们信步来到这座被燹焚了的寺庙内，竟没有什么可供参观的了，令人颇为失望和沮丧。

走出寺庙，就是舍身崖，凭栏一望，我们不禁大惊失色，出现在眼前的是一幅何等的奇观啊！斧砍剑削般的峭壁从山顶直达云雾迷漫的山麓，片片银灰色的烟雾，借着风力，正在崖壁上缓缓爬升，越到上头，变得越加清淡，犹如天降的一层半透明帷幕，使铁青色的悬崖时隐时现，在威严之中仍有妩媚的色彩。向下看去，是一潭云封雾锁的深渊，人们只能凭借想象去猜测它的深度：1000 米？2000 米？3000 米……向远眺望，只见云涛翻滚，奔腾起伏，所有山峰，悉被湮没，巍巍金顶，似乎是茫茫大海中的一个孤岛。

导游的同志告诉我们，在过去，有些宗教的善男信女和愤世嫉俗者来到这座崖上，看到佛光中出现的人影，他们便以为神在召唤，于是纵身下崖，舍身取仁。舍身崖的来历就在于此。

其实，用科学的眼光来看，所谓“峨眉佛光”，不过是高处的太阳光斜射过来，透过水蒸气所产生的折射现象，而舍身崖也不过是在若干亿年间形成的玄武岩倒转地层。大自然的神工，有时候确实能够产生使人神魂颠倒的力量。那些葬身于舍身崖下的人，不正是受了大自然的戏弄吗！

就我们自己来说，看过舍身崖以后，情绪也产生了180 度的转折。虽然见不到佛光，但这巍然耸立的绝壁、气势磅礴的云海，终于使我们深感不虚此行。

第二天告别金顶的时候，天仍在下着小雨。走过了翠竹覆盖的山顶之后，很快就进入了高大的冷杉林中。浓重的雾气笼罩着整个山林，清冷的水珠不断扑打到人的脸上，使你无法分清究竟是雨点还是雾珠。这种阴冷潮湿的气候，是苔藓生长最适宜的环境，这里的冷杉上、松树上、各种灌木上、丛丛的杜鹃林上，甚至竹子上，都长满了褐色的苔藓，它们披覆在林木的枝干上，铺垫在石块和泥土上，使这里所有的植物长出了“胡子”，所有的地表都盖上了一层“地毯”。有的树枝上飘拂着的“云雾草”竟有 1 米多长。树木为苔藓提供了阴凉的生活环境，苔藓又保持了树木生长所必需的水分，多种植物群落各得其所，和谐地生活在一个大家庭之中。生态平衡在这里得到了极好的体现。

中午，我们便到达了洗象池，这是一座建于 17 世纪初期的寺院。考其名称来历，原来与佛教有关。

峨眉百里山峦，梵宇琳宫有 70 余处。早在 16 世纪，峨眉已与山西的五台山、安徽的九华山和浙江的普陀山，并称为我国的四大佛教圣地。据佛家典籍说：“文殊普贤，皆久造佛境，不肯成佛，以菩萨现世，为释迦二辅。”峨眉就是普贤菩萨的住地，普贤、文殊、观音、地藏同称佛门四圣，他们都是妙庄王的子女。《大乘法》释四圣之名及道愿说：“入山求道，饥寒疾疠，枯坐蒲团，是曰普贤；普贤者，苦行也。苦行而得道，是曰文殊；文殊者，智慧也。有智慧而见下界愚蠢，如鸟投罗，如蛾赴火，遂生慈悲心；观音者，慈悲也。因慈悲而生普救心，若曰：我不入地狱，谁入地狱，以拯救无间为己任，是曰地藏；地藏者，发愿也。”“文殊之学得于知，知之勇猛精进莫狮若，故好狮子；普贤之学得于行，行之谨审静重莫象若，故好象。”这位苦行求道的普贤菩萨就是骑着她所喜爱的大象来到峨眉山的。现在的洗象池，就是她洗过象的地方。

今天的洗象池，不仅寺院得到了修葺，而且新建了客舍回廊。我们的午饭，就是由这里的客舍提供的。

午餐的钟声刚刚敲过，热气腾腾的饭菜就端上了桌面。就餐间，忽听外面有人叫道:“猴群来了，快来看呀!”大家放下饭碗，拿了早就准备好了的饼干、花生、糖果等，蜂拥而出。果见几只猴子老幼相携，从树枝上和房顶上攀向回廊。这时，有的人就向它们递饼干之类的食品，有人就在忙着给人和猴子合影。猴子见到人毫不畏惧。它们大摇大摆地走过来，到你手中抓取食物。如果你在此时将手缩回，它还会抓住你的手不放，直到你把食物交给它为止。

我们早就想考察一番这里的猴群了，不想它们倒自己来到我们面前，大约有八九只之多。领队的是一只雄猴，有两只母猴各抱一只幼崽跟随在后，还有几只年轻的猴子。仔细地观察它们，原来是一种“四川猴”，它们尾巴很短，像是被截去了一段，所以又称它们为“断尾猴”或“短尾猴”。这种猴子身体壮，腿较短，身体上被覆着厚毛，雄猴还有长长的“络腮胡子”呢！这种猴子跟平时我们在动物园里看到的猕猴不一样，猕猴个子小，尾巴长得多，在生活习性上，峨眉山的断尾猴要“稳重”得多，不像猕猴那么淘气。

据说峨眉山的猴子有好几百只，大部分生活在近处山林中，而跟人交往的只有这群。由于它们长期跟人交往，接受人们给它们的食物，已跟家养的似的，毫无疑问，它们可是生物学家直接研究的好对象呢。我们同猴子大约闹腾了一个多小时后，方回饭桌吃饭。

人们说，“象池夜月”是这里著名的景色。入夜，当云收雾敛、皓月临空时，从古木丛中望去，景色清莹，寒光融玉，可是，这一美景又与我们无缘了。4月23日，正是农历的三月二十七，哪会有什么月色？况且，天还在下着雨呢。

当我们离开洗象池的时候，猴子们还在本院的门口和旁边的树上攀援嬉戏，似乎在同我们道别，又似乎在迎接后面的来者。

到了遇仙寺以后，就与对面山腰上的仙峰寺遥遥相望了。如果中间架起一座天桥，恐怕要不了一会儿工夫就可以走过去。然而，当我们沿着山间小道走到山谷深处，并由山谷拾级而上，来到仙峰寺时，却花了将近三个小时。

此时，雨霁天晴，碧空如洗，落日余晖照映着高耸入云的长寿岩，黛青色的山峦罩上了一层金光流溢的异彩。迎面的华严顶，孤峰屹立，白云缭绕，恰似一幅浓淡得宜的山水画。

我们三三两两，手持手电筒，到离寺院500米左右的地方去探察九老洞。这不过是一个阴暗潮湿的山洞。来到洞口，就听到里面不断传出蝙蝠的“吱吱”叫声，手电照去，还可以见到它们或悬吊在洞壁上，或飞舞于洞穴间。这些害怕阳光的家伙，在这里找到了最好的栖身之所。

出现这样的一个溶洞，是现在的人们所熟知的一种自然现象。然而，清代的谭钟岳却不懂得，他画成了《九老仙府》图后，竟疑惑不解地题写了这样的一首诗：

图成九老记香山，
此洞缘何创此间？
料是个中丹诀炼，
老人九九适追攀。

当然“此洞缘何创此间”的问题，还是值得探讨一番的。这个溶洞是在海拔为1800米左右的地方，大大高出了现代的地下水位，这有什么奥妙吗？原来，2亿年前，峨眉地区是一片大海，沉积了大量的石灰岩。以后，由于地壳运动，地面抬升，距今8000万年左右，海底开始露出水面，后又经历了几次快速抬升，才形成了现在的山河大势。九老洞正是随着地面的抬升才逐渐到达现在的位置的。

第二天上午8点，当朝阳向我们露出笑脸的时候，我们已经穿行在号称“九十九道拐”的山间小道上了。这15千米的行程，的确使我们饱览了峨眉秀色。一路上，但见重峦叠翠，山重水复，峰回路转，柳暗花明，真叫人目不暇接。前两天在雨中跋涉的劳累，一下子被驱除得无影无踪，大家说说笑笑，不知不觉就到达了洪椿坪。

洪椿坪是一座群山环抱的古寺，这里林木苍翠，花香袭人，环境清幽，景色秀丽。据说，炎夏晴晨，常有靡靡雾滴向院庭洒落，令人感到清爽，人称“洪椿晓雨”。“山行本无雨，空翠湿人衣”，就是描写的这种自然景色。

从洪椿坪下行，就到了著名的黑龙江栈道。人们迈步在迂回曲折地依附于悬崖峭壁的栈道之上，就像进入了一条高楼挟峙的窄胡同。俯视深涧，溪水晶莹，从树叶的缝隙中投影到水面上的阳光，斑斑点点，在水流中闪耀、跳动。抬头仰望，峭壁凌空，千藤万蔓，浓荫蔽日，天光一线。导游的同志向我们解释说：由于峨眉的快速抬升，流水也就加快了对地面的切割速度。如今呈现在我们眼前的这深谷，就是峨眉快速抬升的一个重要证据。

啊，大自然的神工，又一次使我们惊叹！

出了栈道不远，就到了清音阁。这是一座创建于公元4世纪的古老寺院。黑龙江和白龙江在此交汇，两条溪水分别从两座拱形桥下奔腾而来，一齐冲向一块形如牛心的巨石，发出隆隆轰响，溅玉飞花，激起一片空蒙散漫的薄雾。站在两水之间玲珑雅致的牛心亭上观看这种“二龙戏珠”的胜景，实在是一种美的享受。回首望去，近处是精巧飞逸的双飞亭，后面的山坡上是雄浑古朴的殿宇，再后面就是浓郁苍翠的牛心岭。远山近景，浓淡相衬，令人赏心悦目，流连忘返。峨眉秀色，在这里得到了最集中的体现。有一首古诗赞之曰：

杰然高阁出清音，
仿佛神仙下拂琴，
试立双桥一倾耳，
分明两水沏牛心。

没有到过这里的人，是可以从这首诗中想象得出“双桥清音”的声色的。

从这里出发，有一条新砌的整齐宽阔的石级直达万年寺。这座寺院过去叫普贤寺。一尊高 9.1 米、重 62 吨的普贤菩萨的铜铸佛像，就放置在这里的一座无梁砖殿内。这位手执如意、盘坐在莲花之内的苦行者，跨骑着她心爱的白象，造型匀称和谐，形态栩栩如生，不失为古代艺术珍品。

傍晚时分，当我们喝着峨眉的浓茶，在院庭中畅谈三天来的观感的时候，突然传来了一阵悠扬清脆的琴声。环顾四座，却不见弹琴者，循声找去，才见院内水池的石隙中坐着一只正在鼓噪的青蛙。原来，它就是琴师。峨眉的弹琴蛙终于在我们快要离别这里的时候为我们显露了它的绝技。

事情还不止于此！峨眉的活的植物化石——珙桐，也正在繁花怒放。盛开的花朵，如一群展翅飞翔的白鸽，似乎也是在为即将结束峨眉之行的游览者举行欢送仪式。

就在这迎风鼓翅的鸽花下，在这悦耳的琴声中，我们依依不舍地告别了峨眉！

长江，中华民族古文明的摇篮[①]

看到这个题目也许你会感到惊讶，我们不总是说，黄河，中华民族古文明的摇篮！怎么现在你说长江是中华民族古文明的摇篮呢？

是的，这确实有点叫人惊讶，然而当你读过本文后，也许会感到这不无道理呢。当然，我并不是说黄河不再是摇篮了，而是想强调中华民族古文明的摇篮并不是过去所认为的只有黄河流域，还应包括长江呢！

你大概听过这样一首歌吧——

遥远的东方有一条江
　　它的名字就叫长江
遥远的东方有一条河
　　它的名字就叫黄河
古老的东方有一条龙
　　它的名字就叫中国
古老的东方有一群人

---

① 原载《人类探源》，福建科学技术出版社，1982 年版。

他们全都是龙的传人

这是一首台湾校园歌曲，炎黄子孙们，不论在何方，不论在何地，他们都以中国母亲而骄傲，都以“龙的传人”而自豪。长江、黄河是龙的象征，它们奔腾于崇山峻岭，蜿蜒于平川沃野，它们哺育两岸的儿女们，我们是龙的传人！

你没注意到，在炎黄子孙们的心目中，黄河、长江具有多么崇高的地位？

现在我们再来具体看看它们——

滔滔黄河，发源于青海，干长5400余千米，它流经青海、四川、甘肃、宁夏、内蒙古、陕西、山西、河南和山东，然后入海，流域面积达752443平方千米。

浩浩长江，源远流长，它的正源沱沱河，发源于青海唐古拉山主峰各拉丹东雪山的西南侧，然后从“世界屋脊”青藏高原奔泻而下，沿途接纳百川，一泻千里，浩浩荡荡，奔腾向前。长江全长6300余千米，是我国第一大河，世界三大河流之一，它的干长5831千米，流经青海、西藏、云南、四川、重庆、湖北、湖南、江西、安徽和江苏，在上海附近注入浩瀚无垠的东海。它有18条大的支流，串连了四大湖泊，故长江流域还包容了甘肃、贵州、陕西和浙江的部分地区。长江流域面积达1808500平方千米，占有全国耕地面积的1/4，居住着全国1/3的人口，长江流域有着多么壮丽的图景！

黄河流域有着悠久的古代文明，成为中华民族古文明的摇篮；而作为我国第一大河的长江，自然资源丰富，自然环境条件相当优越，会没有悠久的古代文明？它能对我们中华民族文明的发展没有积极和主要的推动作用？这难道不是值得深思和探索的问题？

近些年来，我因工作之便考察了不少史前人类和古文化遗址。沿着长江、黄河两大流域原始人类的足迹，追溯我们中华民族祖先的远古史，使得我对我们民族古文明的摇篮问题产生了浓厚的兴趣。人的认识是随实践而不断深入的，由于过去的考古工作主要在黄河流域进行，发现了许多重要遗址，这些遗址揭示了中华民族古文明的灿烂面貌。由于考古工作的深入，这些遗址的经典性的结论，成为我国史前考古学的基石和对比研究的主要依据，学术界也逐渐形成了中华民族古文明起源于黄河流域，并以此为中心影响和推动其他地区古代文明产生和发展的观念，这在当时的实践限度内和认识水平上是对的。然而近些年来的考古发掘，使我们对长江流域古文化的面貌有了进一步的了解，随着考古新材料的不断积累，人们越来越认识到，长江流域同样是我国远古文化的演化中心，我们在强调黄河流域是中华民族古文明的摇篮时，看来也不能忽视长江流域同样也是摇篮，而且是重要的摇篮！

现在我就考古界逐渐在形成中的新观念，结合自己的考察和研究工作，对这个问题进行探讨。

人类已有300多万年的历史了，其中99%以上的时间是漫长的石器时代，其后是铜器、铁器和大机器时代。恩格斯曾参考摩尔根的学说把人类历史分为蒙昧、野蛮和文明三个时代。文明时代是以铁器的出现为标志的，是有文字记载的历史的开始；蒙昧和野蛮两个时代，即为有文字记载的历史前的“史前时期”。我们讲一个民族的古文明，主要是指“史前时期”的文明以及“文明时代”最初产生时的文明，它们的孕育和成长的地区就是我们所说的“古文明摇篮”。

石器时代是以石制的工具作为生产工具，包含了旧石器、中石器和新石器三个时期，它们分别以打制石器、压削的细石器以及磨制石器和制陶术的产生为特征。

旧石器时代的文化遗址在我国有广泛的分布，在这个时期，按照人类演化谱系的新概念：南猿-直立人-化石智人，各阶段的代表在我国均有发现，有的阶段材料相当丰富。尤其引人注目的是，在长江、黄河两大流域广大区域内，目前已发现的遗址几乎要占到全国已发现遗址的百分之七八十以上。

我曾经在古人类遗址发现得很多的黄河流域中游地区，考察了山西西侯度、匼河、丁村与陕西蓝田等遗址。在长江上游地区拜访了玉龙雪山下的丽江人遗址，参加了著名的元谋人化石产地的发掘工作，在元谋盆地发现了四家村等旧石器时代晚期的文化遗址，考察了资阳人遗址，还在长江中游地区考察了鄂西北的几个直立人遗址，并在房县找到了同时期的石器以及时代晚得多的小型石器……在旧石器时代的这些遗址中有几点很值得注意：

首先，从考古学上弄清楚祖国历史的开端，这是考古研究上的首要课题，这点随着考古工作的深入不断有所进展。

20世纪60年代初，在陕西蓝田发现了蓝田人及其文化遗物，把我们祖先的历史，从北京人的距今40万～50万年前，推前到距今80万～100万年前。嗣后，在20世纪60年代70年代之交，相继发现了元谋人牙齿化石以及元谋人制作的石器及大量的炭屑，这样把祖先的历史一下推前到距今170万年前。经过多年来各方面的工作和深入研究，学术界已普遍承认，以两颗上中门齿为代表的元谋人确是我国迄今已发现的最早的直立人代表。经过我们的研究，该牙齿化石属于早期类型直立人，形态上可能具有从纤细型南猿向直立人过渡的特点，元谋人不仅会制作和使用粗陋的石器，还不排除会用火的可能性。

在黄河流域，近年来虽然发现了据称时代要比元谋人文化还要早的“小长梁文化”，西侯度文化遗物也经研究发表，但学术界对它们还有争论。我认为在黄河流域是有很早时期的原始文化存在的。但必须看到，由于元谋人及其文化的发现，联系到近年来在元谋盆地邻近的禄丰地区，发现了可能与人类直系祖先有关的古猿化石，以至有些人认为，包括长江上游地带的滇中高原很可能是人类起源和发展的中心地之一，这点确实令人注目。

这里牵涉到在中国是否有南猿代表的问题。根据现有的资料，在中更新世初期的前后，直立人及其文化在长江、黄河两大流域的中游地区，特别是渭南和鄂北地区已有较广泛的分布，表明在旧石器时代初期，在元谋人之后，原始人类在秦岭南北的活动已很频繁。最近在安徽和县发现了直立人的新材料，是直立人代表在长江下游北岸活动的明确证据。那么直立人的先辈——南猿理应存在，曾经有人甚至认为元谋人、西侯度遗址的主人是南猿，也有人认为，在我国可能不存在南猿，直立人是由更早的、有待搞清楚的原始人发展来的。

在长江中游湖北建始地区曾发现疑为南猿的化石，限于材料（只有四颗牙齿），目前学术界对之颇有争议，但它的发现无疑是一个重要的迹象，表明比直立人原始的代表——可能是南猿，会在我国华南地区，特别是长江流域广大区域内被发现。

再者，旧石器时代中、晚期，是智人的主要活动时期，也是现代人种（黑、白、黄诸色人种）形成的主要时期。这一时期的古遗址在两大流域有更为广泛的分布，在已发现的古人类化石的形态特点上，除了属于这一阶段的共同特点外，还反映出原始黄色人种的形成过程，而且在晚期代表身上出现较为明显的南北不同类型的发展趋向。

例如，在北方找到的山顶洞人，在南方找到的柳江人，他们都是黄色人种的早期成员。但前者有些形态特点跟华北地区的中国人，跟爱斯基摩人和美洲的印第安人相近；而后者，有些特点比较接近黄色人种的南亚类型。显然，他们对两大流域的后期人类即新石器时代先民体质特点的形成是有深远影响的。

总之，在旧石器时代，长江、黄河流域的远古人类都有较广泛的分布，并显示出长江流域有比黄河流域更为久远的史前史，对探索人类起源这一重要课题，长江流域显得更为重要。虽然说两者可能有着同样古老的旧石器文化，但在目前还只是在长江流域上游地区找到迄今已知最早的人类化石——元谋人牙齿——及石器和可能是人工用火的遗迹，从而开创了我国历史的新篇章，我国历史的第一章眼下还只能从元谋人这个远古祖先写起。

由旧石器时代往后发展，是考古学上称为“中石器时代”的阶段。中石器时代是由掠夺性经济向生产性经济过渡的一个阶段。由于生产力的发展，人们由采集和狩猎活动向原始的农牧业过渡。也就是说，中石器时代是农牧业产生的先驱阶段。我国考古界对中石器时代是否存在是有争论的，我认为抹杀这一阶段的存在是不可取的。什么是中石器时代的标志呢？在旧石器时代晚期，在积累了丰富的生产经验的基础上，复合工具（如箭、矢等）大量出现，所以石器朝细小精巧化发展，因此产生了一类叫作“细石器”的非常精致的小型石器。细石器从旧石器晚期产生以来一直延续到新石器时代较晚时期，而特别成为中石器时代的主要工具。所以典型的“细石器”常作为“中石器时代”的主要标志。细石器常作为狩猎、游牧部落使用的工具，而在原始农业部落则以原始的农具为标志。此外，原始的陶器有时也被作为中石器时代的标志。

在我国，中石器时代细石器器物主要在北方地区发现。典型的细石器器物的原始类型可以追溯到许多旧石器晚期的古遗址中，以后发展为中石器时代的代表，如河南灵井和陕西沙苑两文化。不少学者认为我国北方地区的细石器文化是起源于黄河流域的中原地区。

以往对长江流域中石器时代的面貌是不了解的，近年来开始有了突破。1973年冬，我们在元谋盆地进行古人类调查时，发现了相当数量的典型的细石器器物，值得注意的是地处长江上游地区的这些细石器，很多与河南灵井文化中同类型的器物十分相似，但是又具有本身的特点，这些特点又跟四川汉源地区旧石器晚期文化中的某些特点相似，似有一脉相承的关系。

此外，在长江下游地区已有好几个地点发现了细石器，所以时代较早的以细石器为标志的中石器时代文化遗址，在长江流域也有相当的发现，这表明了这一时期的古文化在两大流域都是很发达的。

石器时代的最后一个阶段是新石器时代，它以原始的制陶术和磨光石器的出现作为标志。在长江、黄河两大流域，数以千计的新石器时代遗址被发现，这一时期两大流域的古文化各有特色，且相互之间又有联系，特别是近年来的考古新发现，使我们对长江流域新石器时代文化面貌的认识有了惊人的突破，展现了为黄河流域新石器时代前所未见的另一种原始文化面貌。

我曾拜访了很多著名的新石器时代的文化遗址。在黄河流域中游地区有著名的半坡和姜寨遗址，而给我印象最深的是沿着长江上、中和下游的许多重要遗址。我到达过元谋盆地北方的金沙江畔，这里临江的山坡上分布着许多尚未被发掘的新石器遗址，在沙土下随时可以挖出许多磨光石器和各种陶器，在元谋盆地内有著名的莲花村大墩子遗址，展示了距今3000多年前长江上游地区原始部落的生活图景；在中游湖北房县拜访了七里河遗址；特别是在下游地区，参观了近年来我国南方地区在新石器时代考古发掘中最有突破性的发现——浙江河姆渡遗址，现存面积达4万平方米，遗址由4个文化层组成，距今时代在4000～7000年，这是全国最早的新石器遗址之一。我还在云南美丽的洱海中的金梭岛上、在南国的南宁豹子头湾等地考察了贝丘型的遗址，也到了位于广东马埧的石峡遗址……

考察了如此众多的文化遗址，给我很深印象的是，人们的生产活动是与环境条件相互制约的，不同的环境条件产生出不同的作物和生活方式。黄河流域新石器时代的考古工作历来有很大的进展，近两年又取得很大成绩，在黄河中游地区发现了很多早期文化，被称为磁山、裴李岗文化。发掘表明，早在8000多年前，在黄土高原干旱的自然环境中人们已栽培耐旱的粟类作物，开始饲养猪并驯服了狗。在黄河下游地区有古老的“大汶口文化”，中游地区为“仰韶文化”，最后由它们产生出新石器时代晚期文化——“龙山文化”，由此可以溯到夏、商、周青铜文化的根源。历来不少专家认为中华民族古文明就是在这一沃壤上发展起来的。

在长江流域展现了另一种古文化发展景象，值得注意的是，1973 年在长江下游地区发现了浙江河姆渡新石器时代早期遗址，出土了大量的文化遗物，证明在 7000 多年前，这一带的原始部落已创造了发达的史前文明。

在河姆渡遗址发现了大量的稻谷、谷壳，稻秆和稻叶层层叠叠，厚度有四五十厘米，最厚可有一米以上。水稻是高产优质的粮食作物，要有较高的耕作水平才能耕作，从出土的农具——木耜和骨耜来看，河姆渡人已经脱离了落后的“刀耕火种”而进入耜耕农业阶段了。还发现了猪、狗、水牛、羊的骨骸。水牛也可能已被驯化，由此可见，我国确是世界上最大的作物和家畜起源中心之一。至少在七八千年前，长江下游的先民已在这河流密布、土壤肥沃、气候温和、雨量充足的环境中掌握了耜耕技术，开发水利、种植水稻，使农业成为主要的生产部门。显然，长江下游地区是水稻的最早栽培地区，水稻种植可能起源于此。以后逐渐向南方各地传播，在江汉地区、河南淅川仰韶文化遗址中曾发现稻谷痕迹，应表明水稻栽培技术向长江中游地区的传播，也反映了长江流域的河姆渡文化对仰韶文化的影响。

河姆渡遗址中还出土了成束的植物纤维和编织的苇席。在一件象牙雕刻品上，还刻有编织纹和蚕的形象，表明当时的原始编织技术可能已包括丝织技术，这也是技术发展史上的大事。发展到距今 5000 多年前的本地区新石器时代晚期文化已有明显的丝织品，这确实是很了不起的。

在河姆渡遗址中还出现了大量的木质工具，其数量之多、种类之繁，制作之精美是空前的。其中有木桨，和现代的已很接近，有木碗，上面竟已涂上了与漆性质相同的红色外衣；还有一批带有榫卯的小杆件，可能是当杆件复合器械的部件，简直难以想象距今7000年前的人们已有如此高超的劳动手段。此外，大片保存带有榫卯结构的大型干栏式木构建筑也堪称河姆渡文化中的突出成就。这种以木（或竹）柱作离地面相当高的底架，再在上面建筑住房，下面圈养家畜的"干栏式"大长屋木构建筑，至今华南地区不少地方仍沿用不衰！

在陶器制作上，虽然河姆渡遗址中陶器多为手制，且种类不多，但已出现了"甑"（也就是像蒸锅的器皿），人们已会利用蒸气热来蒸熟食物也确实是了不起的。（这里还可提一句，世界上最早的瓷器产地也是在地处长江下游地区的上虞县。）

尤其值得注意的是，在长江下游地区不少新石器时代遗址中出现的大量玉器，玉器中的玉琮和玉璧是以后商周的贵重礼器，有些专家认为，玉器制作和用于装饰是起源于南方的。在有些遗址出土的玉琮上出现有圆圈纹（回纹）、饕餮纹，陶器上出现雷云纹，而这些图案均为商周青铜器上常见的主体图案，故有些专家认为中华民族高度发展的青铜文化，也应从长江下游新石器时代晚期文化中追溯渊源。

不难看出，在黄河流域新石器文化繁盛之时，长江流域新石器时代的先民们也正在创造着自己灿烂的文化，为中华民族的古文明贡献着自己的力量。

漫长的石器时代以后为铜器时代所替代。近年来在江西清江吴城和湖北黄陂盘龙城发现两处商代遗址，证实了至少在2000年前，这里已发展了和黄河流域中原地区基本相同的文化。最近在江苏、安徽、浙江和云南等省还先后发现几批青铜农具，为古代文献中有关青铜具的记载提供了实证。因此，无论黄河流域还是长江流域的古文化，对青铜时代文化的产生和发现都有很大的影响，专家们在研究了长江下游的青铜文化后指出，过去传统观念以为南方长期在文化上落后于北方，实在是一种误解，应该改变旧观念。无数的考古资料已表明，夏商文化正是汲取和融合了两大流域南北双方的优良传统而发展起来的。

从物质文明的发展，我们已经清楚看到了中华民族古文明的孕育和成长的基本面貌。然而文化是由人创造的，文化的传播，不同文化之间的联系，代表着人的活动——人们的迁徙和接触。长江和黄河两大流域是中华民族古文明的摇篮，必然也是中华民族本身孕育和发展的中心。因此除物质文化外，我们还可以从远古祖先本身的研究来探索和阐述远古文明的产生。很遗憾的是，在这方面由于缺少足够的资料，试图勾画史前人类，特别是与现代人群关系最密切的新石器时代先民的发展图景，确实困难不少。

从现在拥有的资料可以看到，早在旧石器时代晚期，人类骨骸上已反映出南北分型的趋向。发展到新石器时代，在黄河流域、长江流域以至华南地区人骨遗骸的形态特征上有更为明显的差异。

现代中国人属于黄色人种（蒙古人种），若加细分或可分为南、北两个基本类型，亦可分为三个类型，即分布地区以黄河流域为中心，包括蒙古、东北各省的中国北方人（简称“华北人”），以长江流域为中心的中国中部人（简称为“华中人”）以及分布在珠江流域、福建、台湾等地的中国南方人（简称“华南人”）。在古史传说上，黄河流域主要是分布了“华夏集团”（中原地区）和“东夷集团”（东部临海地区）；在长江流域上游为氐羌族，中游为“苗蛮集团”，而华南地区主要为古代越族。根据现有资料推断，正是在新石器时代先民们南北分型的基础上，产生了远古的这几大集团，以后逐渐演化为现代华北人、华中人和华南人，他们主要就是在长江、黄河两大流域（自然还包括南方其他地区）的古文明的哺育下而成长起来的，而同时他们又是中华民族古文明的创造者。

现在你可以明白为什么长江也是中华民族古文明的摇篮了吧！我们相信这一点随着考古工作的深入，将会越来越鲜明。

中国的“野人”[1]

“野人”——野化了的人，它在科学上是有严格定义的。科学上的“野人”是指人类社会的成员，出于某种原因脱离了社会而流落在大自然里，由于长久隔绝于人类社会之外，人性逐渐泯灭，成为如同野兽般的生物，当他们返回人类社会后，颇难恢复他们的人性，这就是所谓“野人”。

作为科学上的“野人”，最著名的例子是1797年法国大革命时代，猎人从阿威龙地区的森林里找到的一个年约17岁的男孩，他是自小被遗弃在森林里长大的，被找到时已变成了“野兽般的孩子”。他被发现后曾引起学术界广泛注意和重视，据说经过20多年的“驯化”训练，他才“失尽了他的动物行为”。他死时只有40岁。

此外，诸如“狼孩”“猴孩”“豹孩”“熊孩”等，这些为动物哺育的小孩也可列入“野人”之列。

然而，我们现在一般所指的“野人”，其含义颇为混杂，几乎所有那些尚未被科学搞清的“人形动物”，都被称为“野人”。有些现已澄清了的动物，在它们尚未被搞清前

---

① 原载《宇宙探索》，科学普及出版社广州分社，1984年版。

也曾被称为“野人”，如猩猩；甚至藏匿在原始丛林中的某些非常落后的民族，在被发现之初也曾被称为“野人”。

由此看来，现在我们所说的“野人”，我们正在进行考察和追踪中的“野人”，并非是“野化了的人”，而只是些“人形动物”，是有待于科学揭示的“奇异动物”。

古代文献中记载的“野人”

在我国古代文献中有丰富的关于“野人”的记载，如《山海经》(战国时期)、《尔雅》(西汉)、《述异记》(六朝)、《酉阳杂俎》(唐)等古书中记载了华南地区的巨型人形动物“赣巨人”“狒狒”等。特别是明代大药物学家李时珍的巨著《本草纲目》中对“野人”有着详尽的记述。他在描述被称为“人熊”的人形动物时称:“其面似人，红赤色，毛似猕猴，有尾，能人言，如鸟声，睡则倚物。获人则见笑而食之，猎人因以竹筒贯臂诱之，俟其笑时，抽手以锥钉其唇著额，候死取之。”

《山海经》以及清代的《古今图书集成》上均载有“野人”的形象图。据考究，早在18世纪末，北京出版的藏文典籍——《诊断不同疾病的解剖学辞典》中出现“罴”的形象，图画上这头“人形动物”站在岩石上，正符合当地对“石人”(即“雪人”)的生态描述——因为它喜欢生活在多岩石的峭壁上，故有些人认为这是最早的“雪人”图!

尤其值得注意的是，在各地的地方志中常有“野人”

之类的记载，特别是那些现今仍在流传有"野人"活动的地区，当地的乡土志中就概无例外，均有此类记载。例如湖北神农架地区的"毛人"——它是我国最著名的"野人"，早在200多年前的乡土志中就记载着："房山在城南40里，高险幽远，四面石洞如房，多毛人，长丈余，遍体生毛，经常下山食人鸡犬，拒者必遭攫搏。"而且很有趣的是，在这一地区进行考古发掘时，还发现一具2000多年前的灯具——"九子灯"，上面竟有"毛人"形象的装饰品！

浙江丽水地区遂昌县有"人熊"的传说，李时珍的《本草纲目》一书就曾指出"处州"有"人熊"的事，处州即指现今丽水县东南，即遂昌一带。遂昌县志中载有一种名为"玃"的动物，"猨似猴，大而黑"，"猨"又是"猿"字的俗写，很可能遂昌九龙山曾打死的"人形怪兽"(实际是一种大型的短尾猴）即是此种被称为"玃"的"野人"。

河南省中原地区也曾有"野人"之传说，据张维华的考证，汉代在秦岭和南阳一带有被称为"玃"的野人行迹；东汉学者张衡曾在其《南都赋》中对"玃"作过记述。据称宋时都城汴梁（今河南开封市）和明时淅川县的埠口(今丹江水库区)，均有所谓"野人"活动的记载。据张的调查，南阳地区汉画像石中有"镇墓兽"图，其中有两幅高等灵长类的形象，被认为是"玃"的形象。这使我想起1971年在山东曲阜孔庙中发现"鱼、猿、人"的汉画像石一事。我曾将之与进化论中的"从鱼到猿"和"从猿到人"相类比，作了一些大胆的推测，后来又有人将此汉画像石中的“猿”形象类比为“毛人”。不久前有人给我来信指出，据考证这幅画像石可能是人扮演的猿戏图，我想此说不无道理。总之，对这类画像石、镇墓兽图的解释务必慎重。这里涉及楚国大诗人屈原在《楚辞·九歌》中描述的“山鬼”，有些学者认为“山鬼”也许就是“人形动物”或“野人”，甚至可能是流传在屈原家乡（秭归）一带（现今湖北神农架一带）的“毛人”或“野人”的生动写照。

老作家茅盾曾对“山鬼”一词有深入的分析。他指出《九歌》中的“山鬼”与希腊神话里山林水泉间的小女神“Nymphe”（意“新妇”）相当，这里我们不妨全录该辞如下：

若有人兮山之阿，被薜荔兮带女萝，既含睇兮又宜笑，子慕予兮善窈窕。乘赤豹兮从文狸，辛夷车兮结桂旗。被石兰兮带杜衡，折芳馨兮遗所思。

余处幽篁兮终不见天，路险难兮独后来。表独立兮山之上，云容容兮而在下，杳冥冥兮羌昼晦。东风飘兮神灵雨，留灵修兮憺忘归，岁既晏兮孰华予。

采三秀兮于山间，石磊磊兮葛蔓蔓。怨公子兮怅忘归，君思我兮不得闲。山中人兮芳杜若，饮石泉兮荫松柏。君思我兮然疑作。

雷填填兮雨冥冥，猨啾啾兮狖夜鸣，风飒飒

兮木萧萧，思公子兮徒离忧。

茅盾指出，由这篇《九歌》可想象到当时沅湘之间林泉幽胜的地方，有这些美丽多情的“山鬼”（“新妇”）点缀着，真是怎样一个神话的世界了。照例，这些女神的故事是恋爱，所以《山鬼》中言“折芳馨兮遗所思”，又言“岁既晏兮孰华予”，终言“思公子兮徒离忧”了。

当时，我也曾像解释“鱼、猿、人”汉画像石那样，比较倾向于将“山鬼”一词作为是对“野人”的写照，现在看来，在作这样的解释时不宜只作片面介绍，而应将前人已做的考证和研究，客观地介绍给读者和有关人员，这才是负责的态度。当然，这样做并不等于否认古代文献记载的重要价值，我认为中外古代文献中大量的有关“野人”的记载虽未经科学的证实，但毕竟为探究古代是否存在一种被称为“野人”的人形动物提供了重要的线索，我们不能轻易地忽视它们。

一 近代传说的“野人”

除见诸文字记载的古代文献中有“野人”的信息外，近代口头传说与“野人”遭遇，或目击“野人”的事例很多，简直不胜枚举。问题是，这些目击者或遭遇者果真是碰到了“野人”——严格意义上的“野人”吗？未必。正如本文开始就说到的，这些“野人”只是指“人形的动物”，它们究竟是什么？只有具体情况具体分析，只有在捕捉到实体后才能对这些“人形动物”的属性一一鉴别。下面就举一些例子，有的早有传说，有的则鲜为人知：

在我国民间流传最广、最为著名的传说是，在深山密林中，有一种身披长毛的“野人”，或叫“人熊”，见到人后会紧紧抓住人的双臂不放，而且会快乐得笑昏过去，等它醒后就会吃人。所以山民们进山时，要携带一副中空的竹筒，万一碰上“野人”，就双臂套上竹筒让“野人”抓住，待“野人”笑昏过去，山民双臂脱出竹筒，或逃跑，或乘机打死“野人”。这个故事在李时珍的《本草纲目》中也有记载。最近我在山西大学讲学时，亦听到晋南地区有不少“野人”故事的流传，其中就有此说。1977 年我在神农架地区考察时，曾有当地群众反映，说某地前不久还有这种竹筒保存。

1980 年 12 月，我在浙江丽水地区调查九龙山“人熊”时，当地群众曾反映，新中国成立前在遂昌县黄沙腰区与江山县交界处，有一条几千米长的山路。山深林密，“人熊”时有出没。据说就在这条山路西头的凉亭里，专门放着两节毛竹筒，以便碰上“人熊”时可使用它套在手臂上，逃脱“人熊”的袭击。不过迄今为止我还没有真正见到这样的竹筒标本，也没有访问到确实使用过这种竹筒而逃脱“人熊”的人。

浙江丽水地区遂昌县九龙山及其附近地区关于“人熊”

的传说不少。据称，1970年前后黄沙腰区曾因“人熊”活动频繁，当地群众还组织过打“人熊”队。据丽水地区科委调查称，1977年7月的一天，陈坑大队54岁的社员黄家训看到“人熊”坐在苞萝（玉米）棚对面山上一块大石头上，相距只有200米，他敲响毛竹筒，“人熊”慢腾腾站起来往山背后逃了。同年10月，他又在这里看到过“人熊”，坐在一株大枫树的窝上，他大声喊了几声，“人熊”就从树上滑下来，摇晃着身子爬着逃过山冈去了。1978年农历八月十四日，74岁的老人黄家良，在九龙山下白水山冈看到一个“人熊”，相距只有20来米。他躲在一旁看得很清楚，“人熊”有门那么高，全身长着棕褐色毛，头发很长，把眼都遮住了，手里拿着一根木柴，朝枫树垟方向去了，一边走路一边晃头发，在平地上用两脚走，上山时用四脚爬，留下的脚印大脚趾有鸡蛋那么大。

湖北神农架地区的传说更多，1977年我们收集到不下百余事例，最近几年里有关人员在此考察时又收集到不少目击记。在这些目击记中有多次多数人同时目击的情况值得一提，如：神农架林区6个干部同时遭遇到奇异动物。

1976年6月、9月，以及1977年3月、5月间，我们考察队曾多次访问了神农架林区党委发现“野人”的6位同志，在数次交谈中，他们一致认为，看到的不是熊，而是别的什么动物。尤其突出的是，该动物毛色棕红，头似马脑壳，未看到尾巴。他们看了几种大型类人猿的图片，有的认为它的头部与猩猩相似。

与神农架毗邻地区的有关“野人”的传说亦不少，如：陕西省秦岭太白山区东侧地段，有村民与“野人”相遇，这种“野人”高约2米，能直立行走。

河南西部地区的“野人”传说有张维华在《自然之谜》杂志上发表的报道，据称1945年日本投降后，在南召、鲁山两县之间山区人们常见两个“野人”出没，当时国民党军队某部闻讯后，曾派人持枪前往猎获。据说这是母子两只，当时击毙一只小的，母“野人”受伤后动怒，咆哮不已，还拔光周围的草木，过不久可能因失血过多力竭而倒，人们将其绑缚，运到鲁山县城，3日后死去。

有关西藏和邻近地区“雪人”的传说，近年来也有不少新的信息，除西藏、新疆有传闻外，据调查在云南西北部如德钦、中甸等地藏民中也有流传。

早在1839年就传说一个英国的喜马拉雅山考察队的队员，在我国西藏边境唐吉亚山口雪地上看到了“雪人”的脚印。1959年我国登山队在珠峰地区进行登山和科学考察活动时也曾收集过藏民中流传的“雪人”传说。据当年的考察队员尚玉昌报道，1959年5月17日，登山队在珠峰北部最大的河谷——扎卡曲河谷考察时，在绒布寺听到一个名叫扎西的喇嘛说，他曾碰到过“雪人”。扎西称，1958年藏历七月的一天晚上，大约9点多钟，他从寺庙里走出来解手，突然看到月光照耀下的山谷里有一个黑乎乎的东西在移动，仔细一看，原来是一个“雪人”向河谷上方走去。“雪人”全身长毛，身体比人还大，直立行走。

近两年来，云南西部边境传来“野人”活动的信息。关于这方面的消息，我于1981年春季在云南考察古人类遗址时就已获悉。据报告，在西盟、沧源一带有“野人”活动，并称1980年还打死过一个“野人”。此外也看到《春城晚报》上有关于碧江地区“野人”活动的报道。后来通过有关方面去电话了解，告之被打死的“野人”是有尾巴的，我想有尾巴的不会是人或猿类。

至于沧源地区的“野人”，已见正式报道的，有施展等人在《中国青年报》(1983年5月15日）上的文章。该文称1980年春节，该县勐来公社曼来大队翁黑生产队佤族小学教员李应昌在围猎中猎获一头佤族人称之为“猛”的动物，身长1.2～1.3米，重40千克，有额部，长发披肩，双臂过膝，肩宽，胸部平整，毛稀疏，有一个2厘米长的尾巴，脚趾呈菱状球形，趾细长，大趾粗壮发达，对掌，趾甲尖而上翘。按佤族猎人习惯，猎物已由大家分而食之，李应昌留有一左脚掌。据当地佤族同胞反映，他们见到过“野人”在溪边捧水喝，听到过“野人”婴儿的哭声，还曾见到过一个披着长发、皮毛呈棕色、两个乳房垂到肚脐的裸体女“野人”。

总之，仅就以上所介绍，近代有关“野人”的传说流传是十分广泛的。这些传说，无疑为揭开“野人”之谜提供了重要线索。

近代科技人员遭遇的“野人”

上面所谈的只是一些民间传说，或一般群众目击“野人”的事例，是否具有一定自然科学知识的科研人员也目击过“野人”呢？有的，不过为数不多，我认为有两个例子值得注意。

一个例子是，一位名叫王泽林的生物学家，1940 年在甘肃地区曾亲眼看到一头被打死的“野人”，这个“野人”是雌性个体，身高约 2 米，全身披覆着灰褐色的厚毛，乳房很大，面部形状与“北京人”很相似，下面是王泽林的自述：

> 1940 年，我在黄河水利委员会工作，那年的九十月间，天气很暖和，我从宝鸡经江洛镇到天水去。那时陇海路这一段还不通火车，只有绕道坐汽车。汽车到了江洛镇和娘娘坝，忽然听到前面不远的地方在打枪。那时土匪很多，于是车上的人便和司机商量要不要把车停下来等等看。司机说：“越是这样越不能停，停下来反倒要怀疑我们，找我们的岔子，大家不妨把贵重的东西收拾一下，以防劫车。”所以车子没有停，便一直往前开去。不久，枪声停了下来。因为我们距打枪

处没有多远，过了十几分钟，便看见前面公路上站着一群人，汽车到了他们跟前，车上同路的便问他们站在这儿干什么，他们回答说：“我们是打‘野人’的。”我们便问：“‘野人’在哪里？”他们说：“‘野人’在这里。我们正准备把它抬到县衙门去处理。”大家听说是“野人”，都很稀奇，很想看，于是汽车停了下来。我也跟着下去看它。因为时间久了，有些记忆已经很模糊了，不过这事给我的印象很深，大部分还记得清楚。

这个“野人”当时停放在公路旁边，已经打死了，因为时间很短，身体很软，我没有用手去摸，我想还不会太凉。它个子很高大，有两米左右，全身都是灰褐色的厚毛，很稠密，看起来有三四厘米长。当时它面部朝下，车上有好事的人把它翻过来看，原来是一个母的。两个乳房很大，奶头很红，像是刚生孩子不久，还在哺乳期间。有一两个轻薄的人还去扒开它的两条腿，看它的生殖器官等。它头部看来比普通人大不了多少，颜面部却被毛盖着。面部的毛较短，脸很窄，鼻子被毛盖着，只露两只眼睛，颧骨凸出，因此眼窝很深，口吻也往前突出。头发较短，只有三十多厘米长，披在头上。形象极像猿人的石膏模型，但手比猿人长得多，厚得多。

身体部分：两肩很宽，约八九十厘米，手和

足有很明显的差异。手心、足心没有毛，手很大，手指很长，爪也很长，脚有三十多厘米，脚掌约有二十厘米宽，足趾向前，足弓没有看清，手臂有多长已经记不清了。

据当地人说，“野人”一共来了两个，这次发现到此地，已经有一个多月了，可能是一公一母。

“野人”力气很大，经常直立，个子都很高大，善疾走，登山如履平地，一般人追不上它，没有语言，只会嚎叫。

另一个例子是，20 世纪 50 年代初，一个名叫樊井泉的地质学家，声称在陕西宝鸡附近山林中，由当地向导带领曾看到“野人”母子俩，小的身高 1.6 米，外形与猿相似，他的自述情况如下：

新中国成立初期，我在重工业部下属的一个西北地质队工作。在一次沿陇海路南侧（秦岭北坡）由东往西进行为期一年的普查时，在近宝鸡的一个远离山林的林中窝铺，遇到两位长期生活在深山老林的老人，年纪 50 多岁。我队雇请他们担任向导。他们在介绍情况时，谈到该地常有“野人”出没，每年他们碰见不下十数次，尤其在秋冬两季，在野栗林最易碰到。但“野人”一般并不主动攻击人。他们还告诉我们，万一碰到“野人”时要注意：一、不能与“野人”相对目视，只能用余光注视其动向；二、不能转身逃跑，只能缓步改变方向；三、突然近处相遇，可赠予食品以表示并无敌意。

遗憾的是，全队人员在窝铺周围半径25千米范围内近一个月的工作中，均未碰到“野人”。

在进行休整准备转移普查地点前，我出于好奇，请一位向导带路到他们经常碰到“野人”的栗子林，去看看“野人”是什么样子的。我送他5块银元，他答应了我的要求。

第二天傍晚，我与向导偷偷离队，到离窝铺约5千米的野栗林。时值初春，头年落下的野栗满地皆是，低洼处竟有10厘米左右厚。在天空尚有余晖的时刻，“野人”果然来了，还带着一个小的，小的身高起码有1.6米。可能由于我的服装不同，这头母“野人”似乎对我十分警惕，始终与我保持200米左右的距离，而那头小“野人”却有点“初生牛犊不怕虎”的气概，甚至敢跑到向导那里白吃他拣好的野栗，那母的不时发出非驴非马的咕叫，把小的唤到身边。林中的小树很多，“野人”时隐时现，眼看太阳落山，向导怕生意外，我俩便匆匆赶回宿营地。

第二天再去，没有碰上，但我不死心，决心

看个清楚，第三天又去了，出乎意料，这一母一崽已在林中游荡，发现我们后也不像头一天那样保持警惕。我听从向导意见，一边假装拣栗子，一边向“野人”接近。最后那头小的首先接近了向导，慢慢母的也来了！我不敢站起来，装着剥栗子，用惊奇与恐惧的余光，把母的下部看得一清二楚，连大腿两侧沾在毛上的血痂都能看清楚了，形象和人们描述的差不多，膝盖上红棕色的毛一点也不少，证明平日并不爬行。

就这样度过了难熬的1分钟。它们慢慢地离开了，在距离拉到100多米时，我才站起来赶回营地。

归途中向导带着自豪的口吻说，这头小的他看着它长大，今年才7个年头。他还说，“野人”住在山洞里，洞口较小，进洞口后还能用大石封住洞口，防止野兽偷袭。当然，他还讲了很多亲身经历的动人事例。我现在仍觉得这位老人性格憨厚，不会欺骗我。

樊井泉曾参加1980年度神农架地区的考察活动，1981年我曾亲自就他20世纪50年代遭遇野人一事访问过他。据称在1981年的考察活动中，他与其他两位同志曾远距离（约1000米）看到一头棕红色动物，疑为“野人”。

据有关报道，1980年2月，神农架地区考察队员黎某自称曾在雪地上 3 次看到大脚印，并于 2 月 27 日跟踪脚印时发现一头高约 2 米的红棕色毛“野人”，他本想开枪射击，后因火药受潮未果。然而，据有关人员称，很难证实这一与“野人”遭遇的事例。

科技人员或考察队员目击到“野人”这些线索自然很重要，然而，事实却十分严酷，拿不出实物证据，还只能是线索。

新中国成立后有关“野人”的科考活动

自 1949 年新中国成立以来，在我国已进行多次有关“野人”的科学考察活动。它是由国家科学机构有组织地进行的，考察人员来自各个科学部门，经费由政府提供，这类活动依时间的顺序有：

1. 20 世纪 50 年代末，考察西藏珠峰地区的“雪人”

20 世纪 50 年代末，随着攀登珠峰活动的成功，国际上掀起了一阵“雪人热”，许多国家的考察队在喜马拉雅山南麓地区追踪“雪人”。中国国家体育运动委员会在组织我国的攀登珠峰的活动中，曾有调查“雪人”的科学项目，参加这次调查的有中国科学院有关人员和北京大学生物学教师。据尚玉昌的报道，他们于 5 月至 7 月间在珠峰北坡最大的河谷——扎卡曲河谷进行了考察。有一天晚上，当他正在营帐中记日记时，忽然听得山谷中有两声枪响，不一会儿藏族翻译扎西气喘喘地跑回来说碰见了“雪人”，它全身长满了毛，站着走路，扎西朝它开了两枪，未中，让它逃脱了。6 月 17 日，考察队曾在海拔 6000 多米的雪山上搭了两个帐篷。第二天清晨，两名藏族青年说，昨夜有米折在帐篷周围转圈并在雪地上留下了不少脚印，当时在场的两位汉族测绘人员不明其意，两人的说法未引起重视。下山后当他们了解到“米折”就是“雪人”时，非常后悔未能仔细考察现场。他们回忆起当时雪地上确实有一些脚印，这种脚印确实很大，与登山靴相等，消失在 30 米以外的砾石滩上……

考察队曾获得一根长约 16 厘米的棕色的“雪人”毛：6 月18 日考察队来到珠峰东南部的位于卡玛河河口的龙堆村，听到村民反映这里有“雪人”活动，6 月 24 日，又听说卡玛河中游的莎鸡塘有头牦牛被“雪人”袭击而死，他们赶到现场而获得此毛，说是从被害的牦牛附近找到的。

这根毛发后经制片镜检，表明它与牦牛毛、猩猩毛、棕熊毛和恒河猴毛在形态上均不相似，但也无法证明它是“雪人”的。在北京猿人第一个头盖骨发现 30 周年纪念会上，曾经宣读过一篇论文，对这次考察“雪人”作过介绍。

当时不少人（包括参加这次考察的考察队员本身）并不认为真有“雪人”存在，而认为可能是熊，因为熊有时也能直立行走，而且熊的分布地区与传说中“雪人”的分布地区相重叠。我国著名的学者裴文中教授在当时的《知识就是力量》杂志上撰文指出，传说中的“雪人”是棕熊。上海复旦大学人类学教研组主任、人类学家吴定良教授和笔者都认为，传说中的“雪人”如果真的存在，它很可能是大型的灵长类动物，这一见解刊登在当时的《文汇报》上。

2. 20世纪60年代初，考察云南西双版纳密林中的“野人”

1961年从中国西部边陲云南省的西双版纳地区原始密林中，传来两条遭遇“野人”的消息。一则报道说筑路工人碰到并击毙“野人”。这是1960年11月的事，在修建勐腊至勐棒的公路时，架桥队长和班长在狩猎中发现两个“野人”，他们进行了射击，一头被打伤逃脱，另一头被打死。他们把死尸携回营地剥皮并煮熟。另一条消息说，1961年1月底，一位勐腊县小学教员，夜晚在勐腊与勐棒之间的原始森林中打猎时遇着“野人”母子，相距甚近。因恐惧，目击者未敢放枪就仓皇离去。云南思茅地区文教局就此事向省文化局报告，在报告中归纳3个人所见“野人”的特征基本相同：①全身是黑毛，下身毛较长较密；②头披黑发；③颈部有喉头；④手臂长，但不过膝，手分长短五指，有指甲，指骨与人相同；⑤大腿膝盖弯曲自如，直立，脚心软，有前掌和后跟，五个脚趾向内弯曲；⑥双肩宽平，挺胸，行走时两臂前后摆动；⑦前额平，后脑壳突出，眉骨前拱，眼窝大，鼻尖略扁平，颧骨凸出，两腮凹陷，唇有人中，嘴大前凸，有大板牙，下颌短，双耳和人一样；⑧双乳、生殖器及屁股都像现代人，身高1.2至1.3米。

思茅文教局还同科学院西南分院的动物研究所进行了联系，该所所长根据书面报告，认为“报告所谈‘野人’情况，实与长臂猿同，故怀疑不是‘野人’而是长臂猿……但没有实地调查，也难完全肯定”。

嗣后，中国科学院有关单位在此进行了实地调查，由于没有获得直接证据，西双版纳的“野人”未能获得科学界的承认，甚至有人认为，这里所传说的“野人”或被打死的“野人”是活跃在原始密林中的长臂猿。

1980 年，我在《新观察》杂志上曾撰文介绍了西双版纳地区 20 世纪 60 年代初考察“野人”的情况。有趣的是，当时目击者之一在 1983 年《新观察》上撰文，否认自己看到“野人”，声称只是看到熊，是他的学生隔墙听话，将他所说的傣话“咪”（mi，熊）误为傣话“批”（pi，野人、鬼），因而引起了误传。不过令人难以置信的是，1961 年勐腊县人委会曾有一个《关于发现“野人”的初步情况报告》的上报材料，其中附有该同志的证言附件，是用第一人称绘声绘色地描述他如何碰到“野人”的。这个玩笑开得真不小，到底哪个“报告”是“真实的”，只有他本人来澄清了。

值得一提的是，近两年云南西部地区又传出“野人”活动的消息。《中国青年报》（1983 年 5 月 15 日）记者舒展等报道，由段世琳、王军等人在沧源地区进行了小规模的调查，在佤族群众中收集到不少有关“犸”（佤语意为“野人”）的传说，还收集到一个被称为是“犸”的左脚掌，该标本是1980年春季，该县勐来公社佤族小学教师李应昌猎获的。据说，有人认为该标本是“合趾猿”的。1982年12月，班洪公社班莫寨也猎获一只“猿”，被大家分食后剩下的头部、手脚也被科研人员获得。据说有人认为是“猿”的。

3. 20世纪70年代考察鄂西北、陕南地区的“野人”(或奇异动物)。

关于1977年鄂西北，特别是神农架地区的考察活动，我撰写的专文《我们在追踪一个事实上并不存在的动物吗》已有述及。

值得一提的是，1979年至1981年该地区的考察活动仍未停止，但规模小得多，由当地有关单位主持，参加的有上海师范大学生物学教师和一批志愿考察者。1979年的考察活动中，颇有意义的是上海师范大学刘民壮在竹潜县瓦沧公社屏峰岭下发现一个“野人洞”，洞口有一个“野人碑”，是清代乾隆五十五年冬季修建的。据称，过去该洞常闹“野人”，还把路人拖进洞内！为该碑捐钱者达144人之多。

在这以后3年的考察活动中，考察队员曾两次见到疑为“野人”的动物，但因未获得实物证据，现场缺乏过硬佐证，不少人对此持怀疑态度。

1977年，有报告说，在陕西省秦岭太白山区东侧地段，有村民遭遇到“野人”。为此，陕西省生物资源考察队派人到该地区进行了实地调查，他们认为，这些动物可能是大型灵长类。

4. 20世纪80年代初考察浙江省遂昌地区九龙山的“人熊”

前已述及，九龙山自然保护区的“人熊”，在当地乡土志中就早有记载，李时珍的《本草纲目》一书中也曾提及此事。近些年来，传闻仍不断。1979年8月，浙江丽水地区科委组织了自然资源考察队，对九龙山进行综合考察时，听到了群众关于“人熊”的种种传说，考察队还在山上发现了一些奇怪的窝。于是在综合考察中增加了考察“人熊”的项目。

在调查过程中，考察队得知，1957年在遂昌县松阳区水南公社清路大队（当时为松阳县水南乡清路岔村）打死一头“人熊”怪兽，并有一副手、脚标本被保存下来，该事的过程如下：

1957年农历四月二十四日下午，放牛姑娘王聪美突然碰上一头人形动物，迎面扑来，她吓得惊叫起来，王的母亲徐福娣正在附近劳动，闻声立即赶到，用钩粪棒猛打怪兽，被打伤后的怪兽陷于水田中，此时附近劳动的妇女也赶来，一起打死了它，手脚被砍下送到松阳县人民政府请赏，不久为原松阳中学生物教师周守嵩所获并做了浸制标本。1980年10月23日，丽水地区科委办公室副主任杨峰闻讯，于遂昌县西屏镇第一中学（原松阳中学）的贮藏室内找到了这副已有24年的标本！

获得了这副浸制标本，可算是中国“野人”考察活动中除毛发外所获的首份直接证据，这一消息发表，引起了世界的轰动，很多国家的报刊进行了报道。

我于1980年12月到当地考察，并研究了这些手脚标本。在丽水地区科委和有关单位的协助下，经过了现场调查，对目击者和当事者的访问，并携带标本访问了国内许多动物园和博物馆，将该标本与各种猴类、猩猩等进行对比分析。根据对该标本的形态观察和测量、X光片的分析，以及标本的指纹、掌纹和毛发的分析，毫无疑问，它们属于高等灵长类，但不是猩猩的，更不是“野人”的手脚，而是当地一种科学上尚未见记录的以地面生活为主的大型短尾猴类。它的平均身高可达1.2米，体重在25至30千克。它跟国内已见报道的短尾猴有所区别，而跟国内尚未报道的安徽省黄山的一种短尾猴十分相似。当年《松阳报》上的《打死形体像人的怪兽》一文所说“怪兽”，其实并不奇怪，只是过去我们没有注意和了解这种大型猴类。不过，这里应提到的是，这副手脚标本所代表的猴类跟当地传说的高约2米、脚印巨大的“人熊”还不一致，故否定了该手脚标本是“野人”的，并未完全解决九龙山地区是否存在巨型“人形动物”的问题，对该地区的考察活动，我们还是应该坚持搞下去。

类似九龙山地区的“野人”传说，在福建武夷山、安徽黄山以及浙江遂昌附近几个县都有流传。不过在安徽黄山流传的“猩猩”（也称“野人”）已为获得的黄山短尾猴所澄清。

除了上述4次较大规模正式的科学考察活动外，还有些零星的考察活动正在安徽贵池、河南南阳等地进行着。

根据上面简单的回顾，不难看出，这些地区有关“野人”的传说都有相当悠久的历史，都拥有众多的目击者，而且他们所反映的“野人”在形态和生态上大体相近，这些人形未知动物并非虚构之物，而是客观存在的实体，究属何物，需要靠获取实物才能正确判断。获取实物证据是我们所有考察活动的直接目标！

推断与事实

科学的判断来自对客观实体的研究，然而这并不意味着在缺乏实体的情况下科学上不能作某些推断。中国各地传说的“野人”形态各异，生态多样，但在众多的传说中还是可以整理出一些较为共同的特点。

我根据历年来进行考察所获得的资料，归纳传说中的“野人”形态有如下特点：

（1）身高1.2～2.5米，似可分为大、小两种类型，大型高2米左右，小型高1米左右。

（2）能直立行走，快跑时或爬坡时四肢并用。

（3）外貌似人又似猿，特别在面部混合着人和猿的形态特点。

（4）头发长短不一，短者3～4厘米，长者可以披到肩部；身体体表覆盖着浓密的体毛，毛色有红褐色、灰色、黑色，偶或有白色个体，有的个体胸部毛色浅淡。

（5）手、耳朵、雄性外生殖器均与人的相似。

（6）雌性有明显突出的双乳。

（7）脚印有两种类型，一种为大型，长30～40厘米，四趾并拢，大脚趾大，稍朝外岔开，外形颇为接近人脚；一种为小型，长20厘米左右，大脚趾明显朝外岔开，外形更接近猿或猴。

（8）没有分节的语言，只会发出单调的叫声。

生态学特点是：

（1）多单独活动，少数为一雌一雄，或一雌带一崽活动。

（2）能在冬季活动，似无冬眠习性。

（3）食性主要为素食，以浆果、坚果、嫩茎、树芽、块根等为主，也有吃食昆虫的例子。在秋季玉米成熟时，会盗食农民种植的玉米，此时期它们活动频繁，易与人相遇。

（4）没有发现它们使用工具取食和御敌的行为。

（5）能夜间活动，双眼无一般动物所具有的夜间反光现象。

（6）主要在人迹罕至的原始密林中生活，善于躲避人群，与人遭遇时并不主动袭击。

在这两方面的特点中，又以下列这些性状最具特色：

头发长者可达肩部，雌性有巨大下垂的双乳，能直立行走，并留下大脚印，多单独行动，善于躲避人的追踪。

这里需要强调指出的是，上述归纳的只是传说中的“野人”特点，并非依据实际材料所作的科学判断和总结，那么实际情况又如何呢?

到目前为止，所获有关“野人”的直接材料有毛发、手脚标本、头骨和牙齿等，已经过研究并见诸报道的有：

毛发，已有多份材料经过褪色试验和镜检。对毛发细微结构作了检验，其结构与20世纪50年代末检验的那根“雪人”毛发相似，即与其他许多动物不同，但也不能肯定它就是“野人”的。

褪色试验表明，红色很难褪去，但这也不能说明更多问题，因为有明显人工染色痕迹的“大红”“野人”毛发，在褪色试验中并未褪色。问题是，究竟是用什么染料染的，如何染的，在这些问题没有解决前，很难从褪色试验中说明更多问题。在国外，也曾发现过“野人”毛发，经有关学术单位的检验，甚至与90多种已知动物的毛发相比较，也未能鉴定出它究竟是什么动物的，更不能肯定它是“野人”的。

手脚标本。浙江九龙山“人熊”的手脚标本，经过多方面检验和分析研究，现已澄清，是一种大型短尾猴的，它跟安徽黄山猴十分相似，简直别无二致！虽然有些同志对此依旧抱有热望，希望九龙山的手脚标本是“猩猩”的，但这只能是愿望罢了，只要将实物和现生的黄山猴好好对比一下，就不会再抱这一不切实际的幻想了。

河南南阳地区发现一只“野人”脚，经鉴定是熊的。

云南沧源地区发现“猛”的左脚标本，承王军同志的好意，让我观察了这件标本。据称，有关专家鉴定其为“合趾猿”。据国外有关资料介绍，合趾猿是长臂猿的一种，和普通长臂猿一样都是较小的猿，体重不超过12千克，它们75％的时间在树上活动，25％的时间在树上四足或两足行走，很少到地上活动。再者猿类是没有尾巴的，据报道，沧源地区的“猛”体重40千克，尚有尾巴2厘米长。这就提出了一个问题，它们果真是“合趾猿”吗？况且这个脚标本已经煮过，在没有捕捉到活体之前，我不敢苟同，宁可视其为大型猴类。在获得更多完整的标本后，才能最终鉴定其种属。

群众的传说，甚至目击记与实际情况出入甚大，有的叫人哭笑不得。如西双版纳一教师夜猎时碰到“野人”一事，事隔20年目击者又来个“彻底推翻”，不知道究竟哪一次材料是真实的。再看九龙山打死短尾猴的事例吧！

就在打死这头短尾猴的第二天，当地《松阳报》即作报道如下：

> 打死形体像人的怪兽，清路4个妇女受表扬。
>
> 水南乡清路村卢火妹等4个妇女打死一只形体像人的怪兽。24日上午将怪兽的四肢送县人委，四方群众拥挤观奇。
>
> 大家问卢火妹：你们是怎样打死的？原来在

23日下午她们正在田间劳动，忽然一群孩子喊："山羊"跑出了。她手执扁担，跳下田，找着了怪兽，看怪兽要反扑的样子，她奋不顾身朝兽头便是一棒，接着其他3人围拢连打几十棒，终于打死了。

怪兽的四肢和头部基本与人相似，前脚短，后脚长，有时也能直立，上身有突出的乳房，这类兽是少见的。现在县人委除对卢火妹等4个妇女进行表扬奖励外，还将残体送到浙江动物研究院研究。(吴柏林)

事隔24年后，重新找到了手脚标本，报纸又发表消息说：

1957年，遂昌县松阳区水南公社清路大队(当时为松阳县水南乡清路岔村)发生了一件怪事：农历四月二十四日下午，阴云密布，细雨霏霏。男人们都上山劳动去了。突然从小溪边，传来一声女孩的尖叫声：

"哎哟，救命呀!"

正在小溪附近钩粪的徐福娣抬头一看，猛见离她几百步外有一个毛茸茸的人样怪物，直立紧步，扑向她13岁的女儿王聪美。她立刻想到这好像是祖辈流传的"人熊"，如果女儿落到"人熊"

手里，那就会被吃掉！这真是千钧一发的时刻！30多岁的徐福娣连喊带叫，奔了过去。那怪物见有人来，骤然受惊，慌不择路，跳下1米多高的田坎，下面是刚翻耕过的水田。它蹒蹒跚跚没有走几步，徐福娣随后赶到，举起1米多长的钩粪棒，当头一击，只听咔嚓一声，棒只有半截留在手里，而那鬼怪一般的东西，却“嘀——”的一声，竟向她迎面扑来。徐福娣双脚陷在水田里，哪里来得及退出，正待搏斗，那东西忽然倒在脚下。这时徐福娣又举起半截断棒，朝下只是乱打，直到村里十多个妇女赶到，众棒齐发，把那怪物打得不动，方肯罢休。定睛一看，被打死的是一只浑身长毛的“野人”，大家呼喊是“人熊”！

因为人们认为打死“人熊”是为民除害，算得上一件大事，于是把它手脚砍下来，送到县人民政府去请赏。又因为传说吃了“人熊”的肉能长胆，于是大家又把“人熊”烧熟吃了。

这就是1957年5月23日发生的“人熊”事件。当时的《松阳报》以“打死形体像人的怪兽”为题，发表了消息。据大家回忆，这怪兽浑身是细绒绒褐色的毛，约有三四厘米长。身体约有1.5米高，有三四十千克重，它是雄的，但看来还很嫩小。头顶有个发旋，头发乌黑而软，有几厘米长，有的披在肩上。牙齿雪白，舌头和人的一样。

鼻子略凹，耳朵、眉毛、眼睛也像人。乳房稍稍隆起，肚脐、大腿、膝盖、小腿和雄性生殖器都和人相仿。去掉毛以后的皮细而白嫩，臀部坐的地方有一团黑棕色的印，胃里剖出了还未消化的竹笋。

那副砍下的“人熊”手脚，不久就被一位年轻的老师拿走了，这位老师就是现在丽水县碧湖中学的周守嵩老师。他当时在松柏中学教生物，听说打死了罕见的“人熊”，便赶去想把它拿来做标本。谁知迟了一步，“人熊”已被吃掉，只剩下一双手脚，他便讨了来拿回学校，浸制成标本。

嗣后，我们在鉴定手脚标本过程中，再次访问当事人和目击者，反映的情况就不尽相同了，事后打印的材料中，如此写道：

> 在调查中，当事人和目击者一致认为该“人熊”不是熊，外形也不像一般的猴子，而是形体很像人的怪兽。周守嵩认为它的面部像人，头部很圆，长约16或17厘米，吻部不突出，较平，手脚很肥，脚部尤甚，肥圆肥圆的外形像熊掌，只是指甲是扁的而不是长爪。王聪美认为它的头像人，去毛后皮肤细嫩，全是精（瘦）肉，一煮就烂，破开胃部，里面全是竹笋和草。王回忆，当时该动物是四肢行走来的，身体较平，高度在40～50厘米，她曾跟在它后面走了一段路，看上去它的身体很壮，走起来一扭一扭的，姿态很像

熊猫走的样子。当她用石头砸它后，它就转身站起来向她扑来，此时这一怪兽的身高连举起的上肢高度在内约 1.5 米左右。是否有尾巴说法不一，王聪美一口咬定没有尾巴，她说在帮她母亲一起脱那个动物的毛时，没有看到尾巴；但有一社员说看到过有一短尾巴，王的母亲最初说没有尾巴，但在别人讲有尾巴后，她就改口了。它的雄性外生殖器很清楚，还有明显的肚脐以及一对像十多岁姑娘的乳房。关于臀部是否有臀疣，没有确切的说法，只是说在它屁股上坐的地方没有毛，有“黑痣”。还说头顶上有一个发旋。在我们带去的图片资料中，王聪美和她母亲都认为 *The Great Apes*（《大猿》）一书中，有一幅年青的褐猿照片，很像被她打死的“人熊”。王聪美的大妹夫曾在动物园里见过猩猩，故在当初看到打死后的“人熊”尸体，认为是猩猩。

根据以上调查，被打死的“人熊”有这样的形态和生态特征：

（1）身高超过 1 米，四肢爬行时身体平，高度在 50 厘米左右。

（2）行动方式以四肢爬行为主。

（3）毛发颜色发黑，头顶有发旋。

（4）头部形圆似人，吻部不明显突出。外貌像年轻的猩猩（亚洲的褐猿）。

（5）行动不活泼，不主动攻击人。

（6）以素食为主，春季多食竹笋。

（7）臀部有无毛的“黑痣”结构物。

（8）有短尾。

根据上述三个不同时期和不同人员的调查，可以看出所反映的情况有多大的出入。最后一次是在专业人员慎重的调查下获得的，其结论与以后根据手脚标本所作鉴定是吻合的。

这里还想再举一个例子，龚克兴称自己曾打死过一头“野人”，经调查证明纯属子虚乌有。调查人是1977年考察队队员甘明华和宋宏信，下面是调查情况。

关于房县桥上公社社员龚克兴打死“野人”一事的调查

房县桥上公社山岔大队二队社员龚克兴（男，70岁，猎手）回忆他在1926年左右看见一大一小两个“野人”，并且用火枪打死一个“野人”的情况，他说：记得在50年前，在现在桥上大队食品站猪场后山上，“野人”吃了谭长乐家好多苞谷，谭请我们十几个人去打。我当时20岁，最年轻。“野人”先在一个叫熊洞的洞里躲着，一大一小。被赶出来后，在密林丛中四脚爬，在无树丛处就两脚直立行走，走路像正步走的样子，一步一米多远。赵明修用“点火枪”打了一枪，把小的右胳膊打断，它只能用两脚走了。一天下来，它的脚掌耐不住，走得慢了。我们在冷水沟休息了一夜，第二天在白岩寨等着，又一枪把小的打死了，大的跑掉了。“野人”形态大的高1.8～1.9米。鼻子大，耳朵长，头脸像猩猩，但头发很长，有20厘米，紫红色。身上的毛是直的，绒毛很厚，颈上无白圈，胸前有块疤痕，有1厘米长的短毛桩桩。门牙比狗熊的牙要宽些，腿比胳膊长。脚长40厘米，毛长约25厘米，指甲窄，厚实，锋利。在横梁子上温全富家附近剥的皮，剥皮时我已走了。据说皮不好剥，后来皮和胆卖了钱，我还分到4串钱。肉他们吃了，我没有吃。

在我们的调查中，据群众和干部反映说，龚克兴这个人喜欢说“白话”。为慎重起见，怀着对科学负责的精神，1977年11月18日，我们到该公社所属生产大队，找到了当地土生土长的老年人李有炎（71岁）进行了访问。他说：“从我记事起只是听说在食品站后山朱家洼雷炎成发现过‘两腿直立行走的野人吃苞谷’，没有听说过打死什么‘野人’。”后来我们又找到雷高生（68岁）、孙开秀（62岁）、许德秀（62岁）、刘泰顶（44岁），这些都是当地人，他们一致反映，只听雷炎成说在朱家洼看到过“野人”。11 月 20 日，我们又亲自找到了龚克兴进行座谈，他否认打死“野人”的事。他说：“我曾参加到朱家洼去打过‘野人’，但是没有打着，我们亲眼看着‘野人’从熊洞里跑出来了的，同时看到的有戢兴祥、戢兴户二人（现都已去世），第二天，他们那些人又去打，我不知道，没有听说在此地打死过‘野人’。相隔几个月的时间，传说在小河磙盘石打死了一个小‘野人’，不知是真是假。”

根据多方面调查，我们认为龚克兴曾自称参与打死“野人”一事不确实。

调查人：甘明华、宋宏信　1977 年 11 月

综上所述，我们头脑里必须时时想到，我们虽然在此推论人们传说中的“野人”可能具有的这样那样的特点，但绝不意味着它们实际情况就是如此。没有科学实证，还只能是推论，只能是有待揭示的科学之谜！

中国“野人”与世界“野人”研究

“野人”考察与研究是迄今世界上有关自然之谜中最引人入胜的题材。“野人”与“飞碟”“尼斯湖怪兽”“百慕大三角区”被称为“四大自然之谜”。

自然之谜是世界性的。任何一方面重要的发现或哪一

点上有所突破都会引起世界性的反应。“野人”是关于人自身的谜，所以更能引起全球范围内人们的兴趣。

我国的“野人”考察和研究活动，为国外报刊所广泛报道，我国报刊上有关“野人”的重要消息也经常被海外所转载。不久前，日本电视台曾在我国有关单位的主持下拍摄了我国“野人”考察人员在神农架地区原始山林中追踪“野人”的情景，在海外引起轰动。

然而，对于从事“野人”考察和研究工作的专业人员来说，了解国外“野人”考察和研究的现状、进展，将中国“野人”与国外“野人”进行对比研究是不无裨益的。

国外的“野人”考察与研究有几个中心地区，它们是：

有关“雪人”——“耶提”的传说流传在东起印度-缅甸边境，西至喀喇昆仑山，北到西藏和帕米尔的广大地区，主要集中在喜马拉雅山南麓地区。

科学上有关“雪人”的正式报道始于1832年，根据对国外目击记的分析，科研人员勾画的“雪人”面貌为身高1.4～4米，平均在2米左右，头发长，可垂到眼睛上，浑身披棕红色、暗棕色或黑色体毛，肩宽，背驼，臂长，外形像人，一般用双脚行走，行走时身体前倾，有时也四肢并用。雌性有长而下垂的乳房，而且身上气味难闻。“雪人”又名“石人”，主要生活在多巉岩地区，并非生活在冰天雪地里，只是它们经常从一个河谷地区穿过雪地走向另一河谷地区，故在雪地上留下不少大脚印。最有意思的是上述这种描述与我国西藏地区有关“雪人”的传闻颇为相似，如传说西藏喜马拉雅山南坡的“野人”（雪人）身上散发大蒜般的臭味，雌性有巨大的乳房，它们并不经常生活在雪地中，而是生活在原始森林里，偶尔涉足雪域而留下脚印。

国外对“雪人”的考察一直在进行着，我国除在20世纪50年代有所考察外，以后尚未再次进行正式考察。我想今后的考察，如果以更大的范围，与国外合作进行，恐怕会更有成效。

在从高加索到蒙古一带，流传有另一类“野人”——“阿尔玛斯人”。1907年至1911年，科学家们首次对它进行了考察和追踪，之后又陆陆续续进行了很长时间，虽然已获得数以百计的目击记，但与“雪人”考察一样，依然未获得过硬材料来证明它们的真实存在。

对“阿尔玛斯人”的研究，主要是由苏联学者进行的，他们力图证明“阿尔玛斯人”很可能是生存在冰河时期的尼安德特人的后裔，这是将“野人”与原始人遗留后代直接联系起来的特例，引起了国际学术界的关注。我国大西北地区与中亚地理位置相近，值得在此进行调查，看看是否有类似“阿尔玛斯人”的生物在活动。

与我国中部地区考察“野人”关系较为密切的是美洲西北部对“沙斯夸支”的考察和研究，因为这类巨型“野人”与我国神农架及邻近地区所反映的“巨型毛人”有很多相似处，特别表现在地面遗留的大脚印上。美洲英属哥伦比亚的印第安人语“沙斯夸支”意即“大脚”。

早在白人殖民者来到美洲之前，当地土著人中就已流传有关“沙斯夸支”的传说，只是近二三十年来，这种传说才得到科学界的重视和认真对待。现在科学家们手上已拥有数以千计的大脚印石膏浇注模型，其中惹人注目的是1969年一位科学家在美国华盛顿州的博森堡雪地上发现1089个脚印，它的右脚是畸形脚。据有关研究人员称，这种畸形脚是自然的，很难伪造。

最近从华盛顿州又传来使人更为瞠目的消息，竟然发现带有趾纹和纹的大脚印！情况是这样的：

1982年6月10日，在华盛顿州与俄勒冈州交界处，一名当地的国家森林管理区雇员，碰到一头身高2.5米的巨兽，他与这头人形巨兽相距50米左右，可清楚地看到它用双脚行走，举步时还能看到它浅色的脚掌。它身披浅棕红色毛，身后留下不少脚印，每个脚印长36～37厘米，宽15～16厘米，陷入地面约2.5厘米，估计它的体重超过300千克。发现脚印的这个地区叫沃拉沃拉，属华盛顿州。在发现这头怪兽的次日，有一支寻找失踪男孩的搜索队在该地区也看到这些脚印，此外在该地区另外一些地方也看到同样的脚印。考察小组拍了照，还浇注了模型。

由于脚印上保留了纹和趾纹，有些专家认为不可能是人为捏造的。

1983年4月初，美国华盛顿州州立大学专门研究“野人”的人类学教授克兰茨携带了这些脚印的模型来北京自然博物馆访问，跟我一道进行了详细的观察和研讨，也感到这些脚印伪造的可能性不大，很可能是真的。现在我们已拥有这些模型，准备约请有关专家共同研究它们。日益增加的这类国际性的研究活动会对我国今后的“野人”研究有所促进。像这样的活动还有一件，1980年我曾从加拿大研究、追踪“野人”的专家那里获得一份被称为“世界上第一部野人影片”的拷贝，情况是这样的：

1967年10月20日，美国生物学家帕特森和吉姆里正骑马驰骋在加利福尼亚州北部的兰湾山区，当他们穿过灌木披阴的峡谷时，突然看到远方小溪边，蹲着一只奇异的动物。当它发现有人时，站立了起来，沿着陡坡朝灌木丛深处走去。他们赶忙下马，朝这人形动物奔去，帕特森立即开动了电影摄影机，边跑边拍摄，一直逼近到离它约40米处，并隐匿在躺倒的树干后观察它。摄影机一直未停歇。这个奇异动物很快转身背向摄影机，消失在密林中了，在地上留下一连串的脚印，脚印长约38厘米。

事后，他们根据脚印的大小和现场的测算，推断这个人形动物身高2米左右，帕特森声称正是由于它的身躯巨大，使他未敢过于接近它。

这是首次拍摄到的美洲“野人”——“沙斯夸支”（Sasquatch）又称“大脚”（*Big foot*）的影片，历时17秒，由于许多镜头是边走边拍摄的，质量较差。

这部影片一经披露，轰动一时，然而在美国学术界则引起了很大的争论，多数人持怀疑态度。1971年加拿大人达因顿将影片携带到伦敦和莫斯科，请有关方面进一步鉴定。在这两地，影片仍引起争论，1980年，达因顿将影片的一部拷贝寄赠给我，并请我进行鉴定和评论。前不久，亚里桑那大学人类学教研组奥尔逊博士给我寄来一个“沙斯夸支”的脚印模型，据说这个脚印模型来自华盛顿州立大学克兰茨教授，是从影片中所摄的“沙斯夸支”所留下的脚印模型翻制的。

对这部影片的判断是比较困难的，因为缺乏必要的对比材料。捏造的可能性是存在的，特别是国外，由于猎奇或其他原因，制造耸人听闻的事件比比皆是。要彻底解决这个问题还是要依据实证，没有实证——没有捕获到它，即使这部电影确是真实的，在科学上依然会议论纷纷——既会有肯定的意见，也会有怀疑的态度。所以在目前还存在一连串未知数的情况下，要对这种影片的真实性作确切的判断，我认为还是相当困难的。

前不久，美国华盛顿斯密森研究院自然历史博物馆召开了国际潜动物学学会成立会，有7个国家的科学家被推选为常务理事会成员。潜动物学以那些史前动物的残存后代为主要研究对象，还包括那些特殊形态动物，以及那些在意想不到的时间和空间里出现的动物，所以潜动物学是古动物学的姊妹学科，该学会组织进行的科学考察活动有中非刚果河流域的类恐龙动物“莫科尔姆贝姆贝”的考察。潜动物学研究的课题是十分广泛的，其中包括世界的“野人”研究。1982年10月在加拿大温哥华召开的理事会上曾讨论美国沃拉沃拉地区新发现的沙斯夸支大脚印。

该学会的出版物有《潜动物学学报》和《潜动物学国际学会通讯》两种，我所撰写并刊登在《自然之谜》上的《野人研究在中国》一文，已被译为英文，刊登在《潜动物学学报》(1982 年）上，许多刊登在《潜动物学国际学会通讯》上的有关国外的“野人”研究情况，我们已陆续翻译并刊载在《自然之谜》杂志上，介绍给国内有关人员。

此外，1981 年在日本还成立了“野人保护会”。据说，在东京成立这一保护会，显示出“抢先的热情”。野人保护会的代表是曾到神农架采访“野考”并拍摄电视片的人。

1981 年在湖北房县成立了“中国野人考察研究会”，有力地推动了国内“野考”工作，而且也收到不少国外人士热情关怀中国“野考”事业的信件，研究会的负责人还多次接待国外来访者。无疑，这些国际性的交流活动会推动国内和国际性的“野考”工作。

科学家心目中的“野人”

“野人”究竟是什么？正如我在文章一开始就指出的，目前我们考察和研究的所谓“野人”并非严格意义上的“野人”，而是一类“人形的未知动物”，这样一来情况就复杂得多了。

暂且撇开严格定义的“野人”不管，究竟人们所见到的“人形未知动物”或称为“奇异动物”的是什么呢？在科学家心目中，它们又是什么呢？

是否存在“野人”，在学术界意见分歧很大，对它们的存在有坚信者，也有坚决反对者。当然，还有一派，就像笔者本人，既不冒昧否定，也不盲目相信，主张抱着实事求是的态度，具体情况具体分析，看看这些人形动物到底是什么动物。

在我看来，并非所有“野人”的目击者看到的奇异动物全是一种类型，群众看到、听到和传说的“野人”是多种对象。可能有这样几种情况：

一部分是目击者处于精神紧张或恐惧状态，或相隔距离很远，误将某种动物看成“野人”；也有部分是不认识某些动物而产生的误解；还有一部分是流传过程中渲染夸大而失真的，甚至是误传。

例如将猴子（金丝猴、猕猴、四川短尾猴）、苏门羚、熊（黑熊、棕熊）等看作或传说是“野人”，这都是有实例的。

将猴子当作“野人”，最突出的例子是浙江遂昌九龙山的1957年打死“人熊”取得手脚事件。在中国不少地区流传的所谓小型“野人”或“猩猩”，我们可以从这一事件中获得教益，即确实是将一种大型的短尾猴当作“野人”了。我认为西双版纳地区和滇西地区所谓1.2米左右的“野人”以及神农架和安徽黄山所传出的“猩猩”都是这种猴类所造成的错觉。

将熊当作“野人”，我们在神农架地区调查时就已发觉到这一点，当1977年考察队在大神农架主峰区考察时，对当时山民所称有一种“人熊”（也称为“野人”）能站着走，能站着掰玉米而玉米秆不被折断，进行了核实，发现仍是黑熊所为。

我们还着重调查了神农架地区传闻打死“野人”的事例，在能够查访落实的事件中，无一例外均是打死黑熊。尤其重要的是去年（1982 年）7 月，我鉴定了河南地区送检的被认为是祖先传下的“野人”脚，发现仍然是一只熊脚。完全可以明确地指出，在中国流传的部分“野人”事例中“黑熊”所造成的错觉不少。

尽管有这种或那种错觉，我还是认为通过多年的分析研究，特别是 1977 年在神农架地区进行了为期近一年的考察，在中国的某些原始林区不排除存在一种科学上有待搞清楚的人形动物。我之所以认为它们有可能存在，这首先是因为各地区有关“野人”的传说如此长期地存在，绝非偶然。这是客观实体存在的反映，不然为什么有这种传说，目击记又为什么局限于有限的地区呢？其次，确实有些事例需要作出科学的解释，不能漠视或者轻率地否定。

进行“野人”研究，是要冒风险的。因为一般说来，许多科学家是不愿意从事这类捉摸不定的课题的研究的，从事“野人”这类科研甚至会被科学界非议，认为是“不务正业”，认为是“瞎胡闹”，会“贬低身份”！然而科学上的悬案是值得人们去探索的，如果说现在世界上确实存在这种人形的奇异动物，要是能捕捉它，不但是科学发现史上的重大事件，而且也有助于阐述人类起源的若干理论问题，即使最终揭晓根本不存在什么“野人”，或所谓“野人”不过是一些已知动物产生的错觉，或是某种其他动物，这也是一个很大的成就，因为这就解决了一个千年之谜。作为一个科学家，不应怕讥笑和非议，不应害怕做这样那样的牺牲，而应该积极地去揭示未知世界。

对世界各地的巨型“野人”，在已知的分析材料中有如下具体的看法：

猩猩说——著名的古生物学家孔尼华曾撰文，认为神农架的“野人”和猩猩在嫡系上可能存在某种联系。孔尼华认为从毛色和臂长看，“野人”可能是猩猩。此外营造竹巢并非人类也非熊类干的事，而是猩猩的特点。他认为把神农架野人同华南猩猩联系起来是有一定道理的，因为猩猩化石在中国南方更新世时期是屡见不鲜的。这些猩猩可能居住在高山地区，因为一起发现的还有大熊猫化石和苏门羚化石。在寒冷地带生活的物种要比之低温地带生活的同类物种较大些，这是一种进化趋势。巨猿可能已经灭绝，而猩猩依然现存，可能还有一些后裔残存在神农架而成为“野人”！

拉玛猿-南猿后代说——上海师大生物教师刘民壮认为，生活在神农架密林中的“野人”能直立行走，脸像人又像猩猩，两手像人而手指和手背较长，两腿较长，没有尾巴，脚前宽后窄，大趾分开，浑身长毛，可以据此复原出类似粗壮南猿的形象。另外在四川巫山县找到“猴娃”的骨架，他认为这是人与野人的杂交后代，头骨上混合着

“拉玛猿和人”的特点。他认为在神农架林区有5种类型的“野人”，它们是棕红毛长发、大红毛长发、白毛长发、麻毛长发和灰棕毛短发5种形态学类型。

毛人说——有些人认为，“野人”也许是“毛人”跑到野外而生存发展起来的，不过这方面的证据似不足。

巨猿说——不少人（包括笔者在内）主张这些巨大的“野人”如果真实存在的话，很可能是“巨猿”的后代。

巨猿是一种生活在距今几百万年前至二三十万年前的巨大的化石猿类，它的残骸在印度和中国南部有过发现。

在地史上的第四纪，中国华南地区，广泛生存着“大熊猫-巨猿-剑齿象”动物群的成员，包括若干典型的哺乳动物，如大熊猫、猩猩、金丝猴、犀牛、貘、马等。后来，随着地史变化，这一动物群的成员中，不少种类已在中国境内灭绝，但有一些种类仍然生存在局部地区，其中最有名的如大熊猫，在四川西北部、甘肃和青海毗连的地区仍有生存。再如貘在马来西亚，猩猩在印度尼西亚，也仍有残存。而且值得注意的是，在现在传说有“野人”活动的地区，多数还保留封闭或半封闭状态的原始森林，林中还有不少第三纪的残存树种，证明生境的古老性，受第四纪冰川影响小，有可能保留古老的动物种群。所以这个动物群中是否有另一些成员仍保存在华南局部地区的原始密林中呢？这是可能的。巨猿也许像大熊猫一样改变了它的生活习性而残存下来，以致演化为传说中的“野人”。也可能其中有一支在地史上某个时期，通过白令陆桥到达美洲，而成为“沙斯夸支”；也许还有一支残留在喜马拉雅山南麓地区而演化为“雪人”。世界各地巨型野人在体质上有些差异，可能是这些巨猿后代体质形态上的差异，可能是地区性的差异，也可能是进化程度的差异。

由此可见，“野人”研究是有重要意义的，且不说在研究过程中会发现一些新种动物，如某些未见记录的大型猴类，甚至猿类，而且还会在人类起源研究中发挥一定的作用。如果确实存在这种双足直立行走的人形动物的话，如果最终证明它确是古猿的后代，那么这项工作对研究人类起源无疑具有重要的科学价值。

人是古猿转变来的，这一悠久的历程早已消失在遥远的过去，现在我们只能凭借从地层中发掘出来的骨化石以及他们使用的工具，来推测和重现这一过程。由于化石的零碎和不完整，对从猿到人的转变过程，对原始人类的发展过程，科学上并未完全搞清楚，因此，很多方面存在不少争论。

就拿直立行走来说，这是人类最大的特点之一，它是怎样形成的呢？与双手解放的关系如何？是因前肢从事操作活动而获得解放，从而直立起来呢？还是恰恰相反，是在漫长的进化过程中，由于生活方式的变化逐步直立起来，由此才使双手能操作工具呢？这个问题因没有确凿证据而颇有争议。又如，拿巨猿来说，有人认为它是猿类，是一种体形特别大的猿类，未必能直立；但另有人认为它是“前人类”，即人类系统上的原始类型，它在朝人类方向发展过程中，走上了巨大化的旁途，结果后来灭绝了，它会使用天然工具，能直立行走。究竟哪种说法对呢？这虽说是个巨猿本身的问题，但却涉及人类本质特点之一，即直立行走形成机制的问题。

在神农架地区活动的人形奇异动物，据称是能直立行走的，然而又据反映，迄今还未发现它们有使用天然工具的事例。那么它们直立行走的能力是怎样形成的呢？如果将来在神农架地区真正捕获到这些人形动物，而且最终证明是巨猿，那不仅将解决长期以来有关巨猿在生物分类学上归属问题的争论，也将提供直立行走的成因和机制的信息。

将这种人形奇异动物与原始人类的后代直接联系起来的，有“雪人”和“阿尔玛斯人”。曾有人认为它们可能是“尼安德特人”的残存后代。在东非肯尼亚，近两年传说在原始密林中有一种“X”（未知）动物的存在，法国社会学家鲁梅盖罗博士认为，它们可能是“能人”或“直立人”的后代，这仅是尚未获得证实前的推测。“X”动物是很有意思的，因为近些年来在东非地区找到大量的人科化石，种类繁多，为研究人类起源提供了极为丰富的化石材料。如果说它们真能残存下一支后代，仍然生活在原始丛林中，如能捕获到，它的科学价值将无可估量，对于原始人类早期代表的生活方式、语言和思维活动、繁殖习性等将提供有血有肉的活生生的标本，而不是枯槁的化石，这对科学家们有着多大的吸引力！当然这也可能只是一个奢望，一个不会实现的奢望。

如果说，最终证明这些奇异动物只是一种现生的猿类，这也是个了不起的科研成果，因为现生的猿类只在非洲和南亚的有限地区生活着，如果在中纬度的神农架地区发现了它们，将打破现生猿类分布的原有概念，对它们的演化将提出新的课题。

如果经过考察，证明这些奇异动物不是什么“野人”或猿类，而是棕熊、大型的猴子，这同样也是一件很有意义的工作。因为这就揭开了神农架地区流传千年的“野人”之谜，对揭开世界其他地区的“野人”之谜也将提供线索。“野人”研究的重要意义也就在于此。这里还应指出的是，“野人”之类的自然之谜，由于是个引人入胜的题材，不免会被渲染上神奇色彩，甚至会被牵强附会地加上种种虚妄的内容。“野人”使人幻想，同时也造成了弄虚作假的机会。更有甚者，会被一些别有用心的人利用来招摇撞骗，这就败坏了“野人”这一严肃的科学课题之声誉。在大量的目击记和传闻中，真正有科学价值的寥若晨星。正因为如此，许多科学家对此抱怀疑态度，甚至由于偏见和囿于现有的观念而持否定态度，这是不奇怪的。

在“野人”科学考察中，虽然参加考察的人员有不少是专业的科技人员，但不能不看到，不少人在动物群体、生态学、灵长类学、古脊椎动物与古人类学和体质人类学等方面并非训练有素，因此在资料的收集和阐述上，在调查访问目击者的过程中，常常出现不够科学和不够实事求是的弊病，在报刊上常常有严重失实的报道。因此我们在运用这些资料时就不能不抱谨慎的态度，否则就会给研究和探索“野人”问题带来困难和不必要的麻烦。不过我相信，随着工作的深入，科学会克服这些弊病的。

帕米尔“雪人”踪迹的探索[①]

飞机起飞前的滑行加速了，道旁景色急骤后退，突然机头一抬，飞机朝乌鲁木齐方向腾空而起，此时此刻我的心情难以平静。应新疆维吾尔自治区博物馆之邀，此行是前往南疆考察前不久发现的古人类化石产地。新疆，神秘而富有幻想色彩的边陲之地时时牵动着我的情怀，今天终于奔你而来了。

飞翔在云海之上的飞机时有起伏，如同我的心潮一般。我翻阅起随身携带的一本剪报集，里面搜集了20世纪50年代末至60年代初有关帕米尔地区野人——“雪人”的资料，往事不断涌现：那还是1962年4月14日，我陪我的导师、人类学家吴定良教授前往上海科学会堂，他将在这里向中学生物教师作有关“人类进化”的讲座，这一天将讲“雪人”专题。在这之前，我替吴先生翻译了一批有关“雪人”的俄文资料，并与他不时共同讨论“雪人”可能是什么的问题。报告的第二天,《文汇报》对这个讲座进行了介绍，标题是“世界上到底有没有‘雪人’”。

---

① 原载《自然之谜》杂志，第20～22辑，1985年。

真快啊，20 多年过去了，吴先生早已作古，但“雪人”存在与否仍是个不解之谜。我暗下决心，要乘此次进疆的机会，在进行古人类学考察的同时，无论如何也要探索帕米尔高原“雪人”的踪迹！

剪报集上有关“雪人”消息的点滴

为了让读者对帕米尔地区的“雪人”有所了解，特从剪报集上摘出几段早期消息，作简单介绍——

1958 年，苏联《共青团真理报》报道了苏联列宁格勒大学和乌兹别克共和国科学院联合考察队的水文队队长普罗宁的奇遇。那是 1957 年 8 月 10 日，他在帕米尔山脉费德钦科冰河区考察时，于巴梁德费克河谷南岸 500 米远处多年积雪的冰岩上，看到一个人形动物，这就是传说中的“雪人”。

1960 年 1 月 15 日，《北京晚报》报道，为了证实这一奇特的发现，1959 年苏联有关方面曾组织了由动植物学家、考古学家、人种学家和著名登山运动员及当地猎人组成的联合考察队，由斯塔纽科维奇教授领导，在帕米尔中部广大地区进行了为期 9 个月的细致考察，最后的结论是“帕米尔高原无‘雪人’”。1964 年香港《大公报》报道了新西兰探险家希拉里和他的探险队员一行 7 人，在喜马拉雅山地区考察后也表示“不相信那里有‘雪人’存在”。

然而也有些学者认为帕米尔地区有“雪人”存在。

1964年法新社曾报道苏联历史学家波尔什涅夫所撰写的一篇文章，他在文中说，20世纪初就有一些俄国专家著文报道在中亚地区进行野生动物（包括“野人”在内）考察的情况，如有研究高加索野生动物的萨图宁、研究中亚问题的动物学家哈赫洛夫等，都曾进行过“野人”的调查。1906年，有一个名叫巴拉金的旅行家，在一次到中亚的长途旅行中曾见到一个毛茸茸的似人动物，这被认为是由学者首先亲眼见到了“野人”。波尔什涅夫支持帕米尔地区有“雪人”的观点。

我国对“雪人”的报道，是1958年《北京日报》的一则消息。这则消息叙述了八一电影制片厂摄影师白辛的遭遇，说是他在地处帕米尔高原的塔什库尔干附近6000米高的冰山上，曾看到人形动物，推测可能是“雪人”。文中还提到在与阿富汗交界处有条“人熊沟”，是野人活动的地方……

帕米尔高原上到底有没有“雪人”呢？这次考察也许会给我一点启示吧！

终于达到了考察“雪人”的目的

真幸运，在南疆地区的古人类学考察工作很顺利，使得我有可能进行其他考察。在有关方面，特别是自治区博物馆的支持和协助下，我终于登上帕米尔高原进行“雪人”踪迹的调查了。参加调查工作的除我以外，还有自治区博物馆的张平、王博、艾合买提、马文格和自治区地调大队的田阔邦诸同志。1983 年夏，我们主要在天山南麓工作，南达塔什库尔干的红其拉甫达坂，以后又到了天山冰川地区和吐鲁番盆地。1984 年夏秋两季，我主要是独自调查，我调查的区域直至中阿、中苏边境。令人欣慰的是，我三次登上了帕米尔！实际上对“雪人”踪迹的探索，在首次到达乌鲁木齐时就已开始了，被调查的对象不仅有牧民、地方干部、地质队员，还有边防军等，族别包括汉、维吾尔、回、哈萨克、柯尔克孜和塔吉克等。除作访问笔录外，还摄影和录音，积累了相当一批资料，现择其重要者作简单介绍以飨读者。

苏联曾报道罗布泊出现“人熊”的消息

1959 年 10 月，在苏联塔什干出版的一期《科学与生活》杂志上，曾登载一篇《有没有雪人》的文章。该文章提及 1957 年新疆维吾尔自治区赛福鼎主席在与苏联学者交谈时，提到有一个维吾尔老乡在罗布泊周围打猎时曾猎取到一头“人熊”，当地人说它会双脚直立，毛呈棕色。该老乡将“人熊”皮剥下后拿到库尔勒，送给了吐尔逊斯拉伊州长。该杂志认为，这是有关“雪人”的重要信息。

这件事是自治区博物馆沙巴提同志告诉我的。他还谈到 1958 年他趁去库尔勒工作之便，曾查问过此事，由于当时州长不在，别人不知情，未能找到“人熊”皮。

我们乘越野车沿天山南麓几个著名城市考察，几乎都有“野人”的传说，但几乎都是传闻，很少有真凭实据或直接目击者。有的传闻流于荒诞，如有位王姓的阿克苏人（40岁，柯尔克孜族）告诉我，1964年时，一位老汉曾给他讲了150年前流传的“戈壁野人”的故事，说是“俄里毕雅温”（意“戈壁野人”）长有一只眼睛，眼呈长形，它的眉毛、鼻子和耳朵都很大，脑袋又胖又大，多毛，它的力气很大，一手能捏死人，一拳能打死一只骆驼或熊，而且它喜欢吃“那斯”（一种“土烟”），如果碰上它不给它“那斯”是不行的。类似的传说还不少，但不足为信。

冰山之父——慕士塔格山下的“雪人”踪迹

这次在帕米尔高原上追索“雪人”踪迹，主要集中在两个地区：阿克陶和塔什库尔干。阿克陶为“八帕”之一，郎库里帕米尔的一部分。在我国古代文献中，帕米尔高原被称为“葱岭”，是因为其上多生野葱之故。它是指地处中亚高原体系中被称为“世界屋顶”的一片高原，是山峰与河谷交错的山原地带。在此范围内，往往以一个河谷为中心，周围群山环抱，这样的一个地形构造群称为一个“帕米尔”，帕米尔高原上公认有“八帕”，但现属我国不足二帕，均处帕米尔高原东部。

当我们在阿图什进行古人类学考察时，克孜勒苏柯尔克孜自治州的政府工作人员告诉我们早在20世纪60年代，曾由州政府组织过一次有关“雪人”的调查。1964 年 4 月传说，在阿克陶克孜里塔克公社附近有三四人看到一头奇异动物，公社三次打电报给州政府，于是在 7 月初，组织了专人进行了历时一个多月的调查。为了探明有关情况，我们也前往克孜里塔克询访。

清晨，越野车从阿图什出发，经喀什后很快由平坦的柏油路转入去阿克陶的土路，至晚才到阿克陶县。第二天傍晚时刻终于到达终途——克孜里塔克。“克孜里塔克”在柯尔克孜语中意为“红山”，这是一个山谷盆地，群山环绕，一条小溪穿过山谷，从盆地南侧向东流去。此地虽称红山，但我们未能见到名副其实的山丘，只是在河床里有不少红色岩块被冲刷成红色卵石。

陪同前来的有原考察组的老杨和翻译柯族人达沃弟同志。第二天找到了当时参与调查的其他有关人员，有原社长白克玉奴司和原公安局特派员卡德尔捷同志。

当我们询问有关当年调查“雪人”之事时，他们都面有难色，言辞支吾，不愿多谈。再三追问之下，方得知原来在“文化大革命”中他们曾为“雪人”之事挨过整，有些问题至今未澄清，故心有余悸。

通过多方面的解释和劝说后，他们的顾虑终于打消了，座谈会也摆脱了拘谨的气氛。20 多年前的有关“雪人”的调查情况，逐渐浮出水面。

据白克玉奴司讲，1961 年慕士塔格山（即著名的“冰山之父”）地区突然传闻出现一头“野人”，被人在卡拉塔西大队碰上。据称，有位名叫马莫提的人，有一天到卡拉塔西达坂附近草场去打猎，当攀向一个小达坂时，突然碰上从另一坡跑来的一个浑身长毛的动物，两者相距只有五六米，他看到该动物，是瘦长个子，腿细长，毛呈棕色，由于毛多而看不清是男是女。看了有约五六分钟后，那个动物就走到远处坐了下来。这时马莫提想击毙它，但又怕一下打不死它，它会反扑过来，还怕附近也许会有其他个体，说不定枪声一响，倒找来麻烦。他没有打枪，就跑回来了。回来后，马莫提将此事告诉了不少人，大家猜想他是碰上“野人”了。

另一位名叫聂宪的人，据说也在相距300～400米远处看到过这种动物；还有一个叫托克地巴依的，在相距100～200米处碰上过“野人”。此外有位名叫依干派尔狄的公社干部，还见到过“野人”的脚印。由于这些情况，大家都感到害怕，放牧时不敢一个人单独行动，而是结伴而行。公社里派13个年轻人去搜索，但没有碰上。有人怀疑是外国间谍，于是公社书记孙杨锁（汉族人）三次打电报到州政府反映情况，州里得知此情况后，决定派人下来组织调查组。

根据参加调查组的老杨和达沃弟同志介绍，当时参加调查组的除老杨、达沃弟、卡德尔捷和原社长外，还抽调了各大队的打猎能手五六人（多时达8人）。调查活动于1961年7月开始，总共花了65天，其中45天是在山上度过的。重点调查了3个大队：契母干大队——有积水草场，卡尔塔西大队和汉特累克大队。先后访问了40多人，在卡尔塔西大队曾找到几个脚印。另外根据一个猎人反映，他说曾听另一个猎人讲，他曾看到一头奇异动物，靠在大石头上晒太阳，他想开枪打死这头怪兽，但在支猎枪架子时，碰击了一块石头，石块滚了下去，惊走了该动物。据说它是“野人”，在柯尔克孜语中，“野人”或“雪人”被称为“雅娃阿丹姆”（维吾尔语亦如此称“野人”）。虽然调查组在山上活动了45天，但没有一位调查组的成员碰上过这种“雅娃阿丹姆”！

令人不解的是，事后我们再访翻译达沃弟同志时，他反映原社长所讲马莫提遭遇“野人”的情况，与马本人跟他们讲的情况不一样。据达沃弟讲，当马莫提突然碰上那头“野人”时，竟吓得昏了过去，枪也丢在一旁，4个小时后才醒过来，哆哆嗦嗦地往回跑。达沃弟与调查组以后上山时，找到了脚印，在马莫提遭遇“野人”并吓昏过去的地方，有两三个脚印，只一个是完好的，另外在山坡下的小溪边发现了七八个脚印。小溪边的泥巴很厚，约有14～15厘米，但其上的脚印只有一个比较完整的。调查组在传闻“野人”靠着大石块晒太阳的地方也发现半个脚印。

同一个马莫提遭遇“野人”的事，却有两种不同的说法，究竟谁的话可信呢？这件事使我想起在到克孜里塔克公社前，原调查组的一个成员，曾跟我们讲，当年调查组访问了40多人，目击过“野人”的就有30多人！然而我们在实地调查之后发现，实际可说出点名堂的才3个人！

看来我们又碰到调查这类自然之谜时所碰到的难题了，即围绕同一件事的充满矛盾的许多说法，直叫人恼火，然而又无可奈何！没有清醒的头脑是不行的。马莫提究竟昏倒没有？由于未能找到他本人，只好存疑。

晚上，从克孜里塔克归来，心中有一种说不出的味道。当我还躺在招待所的床上休息时，突然有人敲门，原来是州文化局局长约乐瓦斯同志来访，他带来了一个令人振奋的消息——他曾捕获过一头“野人”！

我们捉住一个“野人”

约乐瓦斯的来访使我振奋起来，我迫不及待地请他将这件事的始末告诉我。下面就是他的叙述：

“那还是 1955 年的事，当时正值克孜勒苏柯尔克孜自治州成立不久，我到克孜里塔克公社三大队去检查工作，在那里逗留了一个星期，其时该队属原八区，即英吉沙县。

“到该地不久即听老乡讲，当地有个‘野人’生活在山上，是个 30～40 岁的男性，有位柯尔克孜族牧羊人是他的联系人，人们通过他用面粉去跟‘野人’交换兽皮。

“听到这个传说后，我就把联系人找了来，问清确有这回事，就要求他把‘野人’引下山，并另派两个人跟去，要他们伺机将‘野人’抓住。果然，不久他们将‘野人’抓下山并带到村里来了。

“当时我所见到的这个‘野人’面形与柯尔克孜人很相

似（柯尔克孜人具有典型的蒙古人种的体质特征，面部尤为宽大平扁），胸前有毛，头发不算长，脸上有黑色的胡须，身上穿着大褂和破皮裤，脚上缠着羊皮。我们给东西让他吃，他不吃，也不说话。以后我叫大家空出一个蒙古包，将他放进空蒙古包里，还宰了一头山羊，他这才吃东西。他居然会用打火石来取火，吃过东西后，他终于讲话了，可惜我们听不大懂，因为他一半讲柯尔克孜语，但另一半却不知道是哪种语言。

“我叫人去合作社买来几尺布送给他，还告诉他，以后碰到什么困难，可下山来找村长，于是就将他放了。他是下午 1 点多钟被捉住的，7 点多钟放的。他有个名字，叫‘卡桑·恰卡尔贝提莫尔’——意思是‘砸铁锅的人’，为什么这么叫，不清楚。他走后，我嘱咐村里的老乡不要随便去拉他放牧在山上的牲口。”

“自他走后就再也没有消息了，直到现在仍不知其下落。”——约乐瓦斯同志最后不胜惋惜地说。

我不禁有些失望，这算什么“野人”啊，分明是个现代人，不知何故流落到人迹罕至的地方，成为所谓的“野人”！

失望之余心中突然一亮，咦，这不正是科学上所定义的“野人”吗？由于某种原因远离人类社会成为野化了的人，正如多年前我曾介绍过的“狼孩”、法国阿威龙的“野男孩”之类，这正是本意上的“野人”，为此我又转忧为喜了。这是在我多年的考察野人活动中，在我国所获得的一例科学上的“野人”！

一 “野人”的传说

塔什库尔干是“八帕”中在我国境内唯一完整的一帕——“塔格敦巴什帕米尔”的所在地，同时也是我国与巴、阿、苏交界的西陲名城。境内群山对峙，冰川高悬，夏季融化的雪水在谷底汇集成湍急的冰水河，河谷两岸有些地段绿草如茵。真幸运，我已三次来到塔什库尔干深入到帕米尔高原的腹地，每次都获得了相当一部分关于“雪人”的资料。

曾有一天，县招待所工作人员帕米尔江的叔叔来看望他，适我也在场，闲谈中我打听有关“雪人”的事。他叔叔谈到，大概在1963年7～9月，有个名叫萨普塔尔汉的人，他是马尔洋公社三大队的社员。一天，在热斯坎木一个叫塔斯克拉的地方，突然看到草滩上躺着一个不知是什么的动物，他感到很害怕就喊了起来，还故意咳嗽来壮胆。该动物见到人，站起来就跑，在跑过一条山沟后，还转过身来，把右手放在胸前向他鞠了一躬，即转身走了。这动物身上有毛，有人那么高。萨普塔尔汉跟老乡们讲了这事，大家认为他是碰上了“牙瓦哈里克”（塔吉克语，即“野人”的意思）。帕米尔江同志补充说，热斯坎木这个地方野生动物很多，不过近年来随着迁入的住家增多，现在已很少听说有“野人”。

然而，当我们找到县文化馆馆长塔别列地同志来落实这种传闻时，却有另一种说法。据塔别列地同志讲，这位萨普塔尔汉早已去世了，但据他说，那是在1953年（不是1963年）的某一天，萨普塔尔汉骑着驴子下山，走着走着突然驴子受惊一跳。原来在草滩上趴着一个黄色的动物，正在吃草花。他以为是碰上了魔鬼，就用双手蒙住自己的眼睛。隔了一会儿，他听见像是吹口哨的声音，移开双手睁眼一看，那头动物已向山上走去，而且还转过身来向他鞠了一躬。由于当时他很害怕，未能看清这头动物的面貌，只见到他身上有不长的黄毛。

他回村后，汇报了这个情况，接着被反映到县公安局，当时的县公安局局长祖拉力同志还派专人去调查了。据说在现场看到了脚印，脚印是朝雪山方向走去的。

这个故事在当地流传颇广，是县公安局的人告诉塔别列地同志的，当时他还在日记本上作过记录的。

在查证此事时，文化馆馆长还讲了另外一个传说。据说那是1937～1938年的事，还在盛世才统治新疆期间，在帕米尔的秀里不拉沟老卡子处（秀里不拉沟现已划归巴基斯坦）曾抓到一个“野人”。在卡子附近有许多野苹果树，“野人”喜欢吃野苹果，于是边卡上的哨兵在野苹果树边挖了一个陷阱，居然用它抓住一个“野人”。虽然给它穿了衣服，但它不吃东西，直到眼看它要死的时候，才放走了它。

据我调查的情况看，这里的塔吉克人多数将“野人”称为“牙瓦哈里克”，真正碰上的，目前还找不到一个当事人。在所调查的柯尔克孜人中亦无遭遇“野人”的实例。

边境雪地上的奇怪脚印

7月，中巴边境的红其拉甫仍是冰天雪地，寒气袭人，我们拜访了边防站，调查是否有“雪人”的信息。

“有脚印！7月初（1983年）就有人在雪地上见到过脚印。”跟我交谈的是一位名叫张铁钢的青年战士。据他说，就在一个星期前，他和另一位战士巡逻时看到了两行脚印。一行大的，一行小的，有的脚印留在泥路上，有的印迹留在雪地上。

小张根据当时的印象，在我的笔记本上画了他所见到的脚印的轮廓图，不过从轮廓图上很难认为这些脚印是属于人的。它们的形态是前宽后窄，长有20～30厘米，宽10～20厘米，四趾并拢，趾尖呈爪状，在我看来这些脚印是“熊迹”。这一带多熊，且为棕熊。

去瓦罕吉里隘口考察

瓦罕吉里是一条沟通中阿的狭长河谷地带，翻开新疆地图，在西部边境上可以看到一个向外突出的蚓突状地带，北西南三面分别与苏、阿、巴接壤，据说这条山谷里野生动物很多，特别是狼、熊、雪豹和盘羊。白辛同志所提及的“人熊沟”是否在此不得而知，猜想也可能在此。瓦罕吉里联结了阿富汗的瓦罕帕米尔和我国境内的塔克敦巴什帕米尔，谷地两侧地势十分高峻险要，但谷底却甚为宽平，成为古丝道的主要途径之一。只是过了吐吐克鲁克以后，地势变得崎岖，怪石嶙峋，汽车只能时上时下迂回地前进，最后到达一个幽谷，这里有我国境内古丝道口最后一个驿站的残迹——“巩拜孜”。过了驿站河谷朝西南转去，直达与阿富汗的交界处，正西向是几个台阶状的平台，近处有三户牧民，远处另有两户，几顶毡房在偌大空旷的高原上像是几个小蘑菇。我们就在塔吉克牧民家驻息。晚上围坐在火炉边，吃着新宰的羊肉，与老乡谈及这里的风物，特别是野生动物，也聊到了“野人”。很遗憾的是，这几户牧民并未提及有“雪人”之说，问及“人熊沟”，他们也茫然不知，倒是说及了这条沟里有熊活动。

此地地处帕米尔高原腹地，九月就会大雪纷飞，来年四月积雪仍甚厚，植物主要为“高山座垫植被”，由荒漠植被直接跟冰雪带相接触，这在世界上十分罕见，表明这里具有极干旱的内陆高原荒漠景观，对于动物的生存来说自然条件十分严酷。我们来时看到荒漠上有不少盘羊的头骨，有的是被狼叼杀的，有的是在冬季饿死的……看来，“雪人”在这样严酷的环境生存，真是不可思议，甚至是难以想象“雪人”究属何物，只得严密地进行科学考察才能逐步解开此自然之谜，我们在探索帕米尔地区的“雪人”之谜时以下几点应予以特别的注意。

帕米尔高原上的熊

帕米尔高原上有棕熊，此次我们已获实物标本；还有黑熊，虽然未见标本，但已有目击和猎获的记录。那么新疆究竟有几种熊呢？这点还不清楚。在旅游地质学会筹备会组织的一次吐鲁番盆地地质考察旅行中，我结识了新疆地质调查大队的赵子允工程师，他在新疆搞地质野外调查22年，他说，他们见到的熊不知其数，大致分三类，阿尔泰地区有黑熊，个子大；天山地区有棕熊；昆仑山区有马熊，实际上为大型的棕熊，又称为西藏熊，它的脚掌宽、脚印大，很像人足印，熊迹上四个脚趾清楚，能直立行走，远看很像“野人”，赵子允说他们曾追踪并打死过三头，均是当作“野人”打死的。在库尔勒有“人熊”之说，实际上是小型的棕熊，长相像狗，也像狗一样瘦，能直立，毛呈棕色。赵子允同志根据他多年在野外的经历，认为在新疆不存在“野人”，“野人”是由于熊引起的错觉。

在帕米尔地区将熊当作“雪人”的事，在过去已有实例。当年在吴定良教授所作“雪人”讲座中曾援引苏联一则消息，说是苏联地质学家莫尔扎也夫在新疆塔什库尔干（当时报告中称为“蒲犁”）时，当地居民曾给他观看一张淡色的华丽皮毛，并告诉他这是从“雪人”身上撕下来的，莫尔扎也夫经过详细的鉴定，证实这一皮毛所属的动物为叙利亚种的一种棕熊，由于这一地区棕熊的频繁活动，产生有关“雪人”的说法是十分可能的。

帕米尔高原上的猴子

引起“雪人”传说的除了熊以外，还有猴子。这种说法也许会令人费解：海拔这么高，何处来的猴子？

1983年我们在阿克陶调查时，据该县贸易公司陈俊杰同志提供的材料，1967～1968年，在库司拉甫公社打死过一只猴子，该地有松树林，猴子有栖身之处。有人说是从阿富汗跑来的，至于它是什么猴子，陈俊杰说不上来。关于打死猴子一事是有先例的。1962年，新华社莫斯科电讯曾报道，苏联边防战士在海拔3000米以上的帕米尔冰雪高原上猎获一只猴子，这在当地是首次发现。据称这件事发生在帕米尔一个高山边防站附近，戈尔诺巴达赫尚自治州一个村落的居民防斯列金诺夫在上午11点钟见到一头满身是毛的奇异动物，它见到生人就往山上逃去，在雪地上留下很多像人手掌印的脚印。边防哨所知道后派战士加拉耶夫前去了解情况，他想这必是“雪人”！后来他发现了该动物，就开枪射击，结果射中了，走上一看原来是一头雄猴，身上有浅红褐色毛，躯干长64厘米，尾长27厘米，体重9千克。以后经塔吉克的动物学家和病理解剖学家联合解剖鉴定，认为是恒河猴，这种猴类有较强的生命力，对各种自然条件都有良好的适应性，它们也能生活在高山区。

由猴类引起“雪人”的错觉，无疑是存在的，这已有实例为证。

除熊与猴以外，“雪人”真的存在于帕米尔的荒漠之上吗？现在我虽已有一定调查考察的基础，但仍不敢妄下结论，我只能说，在我调查的地段，“雪人”或“野人”存在的可能性不大，至于其他更广大的地区，我既不能肯定，也不能否定。自然界太复杂了，不能用单一的模式去认识这变化多端的大千世界，正确的态度还只能是实事求是，严肃认真地探索，去认识，去揭示，直至彻底解决这一谜中之大谜！

人是动物[①]

我们生活的世界是一个物质的世界，它在不断地运动、变化和发展着。

物质的世界由无机物、有机物和有机的生物构成。生物是有生命的实体，它具有新陈代谢的机能。在漫长的进化过程中，它由简单向复杂、由低级向高级，形成了庞大的生物王国。所有的生物虽然大小有别，形状各异，但在科学上都可以将它们分门别类地进行研究。

首先，它们被确立为一个个基本单位，叫“物种”或“种”。每一物种内部的成员间都可以自由婚配，并产生有生育能力的后代，而不同物种的成员间在自然状态下却不能随便婚配，即使婚配而产生了后代，这些后代也是不育的。

血缘相近的物种拥有许多相似的特点，由此构成了较大的分类单位——“属”，由“属”一级又可构成更大的单位“科”，进一步依次为“目”“纲”和“门”。有时这样的分类等级不敷应用，还有“亚”“超”等亚级或超级结构，

① 原载《人之由来》，中国国际广播出版社，1991 年版。

如“亚科”“超科”等。

每一种动物或植物，只要搞清楚了它所隶属的门、纲、目、科、属和种，也就搞清楚了它在自然界中的位置。

在这一章里，我将首先开宗明义地告诉你，人是动物。人是动物，这样说岂不亵渎了人类？不，我只是说出了人的本来面目。人确是个动物，你看，他的血肉之躯，他的呼吸、消化、排泄和繁殖机能，哪一点不像动物？

那么，在动物学家眼里，现代人是怎样一种动物呢？让我们来探索一下。

1. 世上形形色色的人都属同一物种

正像对待其他动物一样，科学家能用同样的方法对人进行研究。他会这样来描述人。

身高：成年个体 1.2～2.0 米。

肤、发色：变化很大，颜色由浅淡到黑色。

毛发：除了腋毛、阴毛外，多数人身体其他部分的毛少；头发长，成年男性有胡须。

行动方式：直立行走。

食性：什食，食物有果实、蔬菜和肉类，通常熟食。

分布：全世界各地均有。

世界上所有的人，尽管有黄、白、棕、黑诸种之别，但在生物学上均属同一物种。这是不言而喻的，因为不同人种间完全可以自由联姻，所生的混血儿长大后，都具有正常的生育能力。现代人在生物学上属同一物种，种名为“智人”，拉丁文学名为“Homo sapiens”，这里，“Homo”

是属名，为“人属”，“sapiens”是种名，意为“智慧的”，合起来的意思是“智慧的人”，简称为“智人”。

黄皮肤的中国人、白皮肤的法国人、黑皮肤的刚果人和棕皮肤的澳大利亚人，如果手携手地漫步在天安门广场上，你不要惊讶，虽然他们在肤色和外形上有不少的差异，但在生物学上都同属一个物种——智人种。

2. 人是脊椎动物

所有的动物可以由它们体内是否具有脊梁骨（脊柱）而分为两大类，有脊梁骨的为“脊椎动物”，如鱼、蛙、蛇、鸟和狗等；不具备这一结构的叫“无脊椎动物”，如蝴蝶、蜘蛛和蜗牛等。

脊椎是由许多单个的脊椎骨连在一起构成的，它是动物身体的支柱。有了它，动物的身体变得坚强有力，同时它还起着保护脊髓和内脏的作用。脊椎动物还具有另一重要特点，即它的神经系统高度发达，有脑和脊髓的分化，脑的出现可了不得，因为有了脑才会有高级思维活动产生的物质基础。

摸摸自己的后背就会发现，我们也有一条脊梁骨，所以人也是脊椎动物。

所有的脊椎动物都具有这些基本的特点，是由同一祖先进化来的。

3. 人是哺乳动物

脊椎动物又可分为鱼类、两栖类、爬行类、鸟类和哺乳类，它们各有一些共同的特点，使一些血缘相近的动物构成相应的类别。

脊椎动物中有一类身披毛发，皮下有脂肪层和汗腺，这样就能保持恒定的体温。它们的中耳有三块分离的小听骨，即镫骨、锤骨和砧骨。尤其是雌性个体有发达的乳腺，幼崽出生后由母体喂养乳汁，这类动物就是哺乳动物。

人不是同样具有这些特点吗？所以人也是哺乳动物。于是，人跟牛、羊、兔的血缘关系要较之他跟鱼和鸟的关系近得多。

人和其他所有的哺乳动物都具有为哺乳类所共有的特点，所以有共同的起源。

4. 人是灵长类动物

哺乳动物又可以分为各种类别，其中有一类很特殊，它们的手指和脚趾上长的是扁甲，而不是尖爪；它们的大指（或大趾）能触及其他四指（或趾），因而具有对掌（或跖）作用。它们的上、下颌上各有四颗门齿，此外，它们还有进步的立体视觉，这类哺乳动物被称为灵长类动物。

灵长类包括不少种类，有各种各样的猴和猿。

灵长类被动物学家们分为原猴和猿猴两大类，前者为低等的猴类，如狐猴、眼镜猴等；后者由高等的猴类，如猕猴、金丝猴、狒狒等与猿一起组成。猿猴的特点是：身体增大，眼窝在面部的位置向两侧外移，使得视觉大为改善，颞窝被分隔开来。此外，它们有较强的探究心理和强烈的好奇心，常处于一种兴奋的、不安定的状态。

看看我们自己的手指甲（趾甲），看看我们的牙齿，用手抓握些什么东西，还有那不可遏制的好奇心，愈是神秘愈要去探究的心态……不难发现，我们跟灵长类其他成员一样，没有什么例外，所以我们人也是灵长类动物，而且被列入猿猴这一大类之中。

人跟其他灵长类动物有许多共同的特点，故有共同的起源。

5. 人也算一种猿

猿和猴虽归于一大类，但在外形上猿和猴有明显区别，猴子有尾巴、颊囊，有臀疣——臀部上裸露的胼胝体。猿类（除长臂猿有臀疣外）没有猴子的这些特点，却有自身的特点：

例如，猿类的下臼齿上有许多齿尖，它们为“丫”型沟纹所分隔，而猴子下臼齿的齿尖呈双脊型；猿类的肩胛骨不似猴子的肩胛骨那样位于肩部的两侧，而是位于背侧。

人跟猿类很相似，不仅表现在上述的外表特点上，还表现在体内结构上。例如，骨骼、肌肉和内脏器官的排列方式，大脑、胎盘和阑尾的特点两者都很相似。人和猿类有相似的血型，这也是其他动物（包括猴类在内）所没有的。

身体结构上的相似，往往反映机能活动的相似。据有的科学家研究，人跟猿类一样，曾在远古的某段时期内，采用过相似的行动方式“臂行法”，即用双臂吊荡，摆秋千似的在树丛间移动。

所有猿类，包括人在内，机体上都具有臂行的适应性特点，它们主要反映在颈部以下至腰部以上的部分躯体上，也反映在双臂和手的结构上。

例如，它们有长长的手臂，手部引长，手指呈钩状，拇指相对较小。人的手由于适应使用和操作工具，大拇指变长，但整个手掌仍可作钩状抓握。它们的上臂骨（肱骨）的头部朝向内侧，接纳肱骨头的肩穴朝外开口；而四足行走的猴类的肱骨头朝向后侧，肩穴朝前。

人和猿的肩部很宽，增加了手臂活动的范围，有利于臂行。它们有长而粗壮的锁骨，短、扁而宽的胸骨，整个胸部加宽，前后径短缩。脊柱的胸段弯向内侧，肩胛骨位于背侧。此外，腰椎也短缩，最下两个腰椎与骶椎愈合。腰部变短，使胸部与骨盆靠拢，加上外尾的消失，这些都有利于躯干在树上吊荡行动。当然，肩部的肌肉，也因适应臂行而得到改造和加强。

现在科学上还没有完全搞清楚，人和猿对臂行法的适应性变化，究竟是从共同祖先遗传来的呢，还是适应相同的行动方式而独自发展起来的。

近些年来，随着分子生物学的发展，已从过去解剖生理和组织胚胎等宏观方面的研究，发展到细胞内部细微结构等微观方面的研究，甚至在分子水平上探索人与猿的血缘关系。

从分子生物学角度研究人类的起源，从而产生了新的学科分支——分子人类学。根据分子人类学的新资料，科学上已拥有更多的证据，证明人与猿确实存在密切的血缘关系。

例如，所有灵长类的血液中都有一种叫“血红蛋白”的蛋白体，它的作用是将肺部吸来的氧输送到身体各部分的组织里去。蛋白体是由氨基酸构成的，氨基酸一共有20种，不同的蛋白体由数目不等的各类氨基酸按不同顺序连接而成，这些氨基酸先连成一种链状结构，叫肽链，再由后者联结成蛋白体。

现在已知道，哺乳动物的血红蛋白是由574个氨基酸组成的4条肽链所构成的。各种灵长类动物的血红蛋白中有两种肽链，一种叫阿尔法（α）链，它的变异不算很大；另一种叫贝塔（β）链，灵长类中这条链的变异显著。然而在这条链上，人和猿的差异远不及人与猴类的差异大，表明了人与猿密切的血缘关系。

分子人类学还从生物遗传物质来探索这种血缘关系。

生物的遗传物质主要是核酸，生物体的遗传特性主要由核酸决定，其中遗传信息的携带者为脱氧核糖核酸（DNA），DNA主要存在于细胞核里一种叫“染色体”的丝状体内。

据研究，人的体细胞有46个染色体，大猿的为48个，长臂猿的为44个。猿类的染色体数目跟人类十分接近。通过研究还表明，黑猿的DNA结构与人不同之处仅有2.5％，而猴类与人的DNA差异却有10％以上。

大型猿类与人确实相似，难怪很早就被称为“类人猿”，意思是“类似于人的猿”。其实，反过来说，人类与猿类有如此众多相近的特点，在某种意义上讲，人也算一种猿，也难怪在生物分类学上，人和猿联为一体，共同作为“人形超科”或“人猿超科”中的成员。

早在100多年前，伟大的英国进化论者达尔文，曾根据当时科学所拥有的证据，提出了“人猿共祖”的理论，认为人和猿类的相似性是如此之大，表明了他们密切的血缘关系和共同的起源，他们来自共同的远古祖先——古猿，而现代的类人猿是人类的表兄弟。

现代科学的研究表明，这种理论是可信的，从生物演化的眼光看，人也算是一种猿，这一点儿也不过分。

人是特殊的动物

人虽然是从动物界分化出来的，但是他并非一般的动物。人是特殊的动物，人具有高度的自觉能动性，是最社会化的动物。人类意味着人类社会，人类社会是由个体的人集合而成的，人既是动物界长期演化的产物，又是在人类社会的环境中成长起来的。所以，我们谈人不仅在谈生物的人，还谈社会的人。

1. 人与猿的本质区别

人与一般动物有显著的区别。人能制造和使用工具，从事生产劳动，为自己创造新的生存条件，这些生存条件是自然界里原先根本不存在的。

人能进行复杂的思维活动，具有自我意识，并产生了自觉能动性，由此人能通过他所做的改变，来支配自然界，迫使自然界为自己的目的服务。特别是人类社会出现后，人类的发展不仅获得了新的强有力的推动力，也获得了更确定的方向，使他远远超越了动物界而成为自然界的主人。

如果我们将人类社会与猿群作一番比较，人与动物的本质区别就更为显著了：

人类社会	猿　　群
（主要讨论原始社会） 1. 本质特性是人的社会性，人类具有自觉能动性，有自我意识。 2. 从属于社会发展的基本规律——生产力与生产关系的矛盾运动，推动新旧社会的代谢。 3. 与自然界的关系：能支配自然界，利用工具进行劳动生产，为自己创造新的生存条件。	（作为自然界的一般成员） 1. 本质特性是动物的生物性，猿类不具有自觉能动性，缺乏自我意识。 2. 从属于生物演化的基本规律——遗传与适应的交互作用，促使物种变化，推动生物界的进化。 3. 与自然界的关系：仅仅利用自然界，通过躯体本身的变化以适应环境条件。

在这里，我们可以看到，人的社会性是人的本质特性，由此而产生了人区别于动物的“人性”因素。然而，人毕竟脱胎于动物界，产生于自然界，因之人的自然本性（“兽性”因素）是人所摆脱不了的人的基本规定性。从这里我们可以毫不迟疑地说，人与猿的本质区别就在于后者是纯兽性的生物，而人则是高度社会性与自然属性统一于一体的特殊生物，是人性与兽性因素并存而又互相作用的生物，

人类的文明程度亦即人类远离动物界的程度，取决于人性与兽性因素的比例，这点也被马克思主义创始者加以阐述。

2. 反映在身体结构上的人的特点

作为特殊动物的人，他在身体结构上，亦即体质上，与猿类最大的区别是什么呢？一般公认的有三点：

现代人具有习惯性的直立姿势和用双脚直立行走的能力；吻部短缩，故而面部呈扁平状；具有大的脑量。

现代猿则习惯于半直立姿势和四脚（偶然两脚）行走；吻部突出，故而面部是前凸的；且脑量相对要小得多。

人类是适应地面生活发展起来的。人的直立姿势是如何形成的，有许多解释，其中主要因素之一是适应双手操作工具所致。由于直立，引起人体许多部分，如头骨、脊柱比例、上下肢和骨盆等的相应变化。

有些科学家认为工具的使用使人类在取食与御敌时，较少依赖于前列牙齿，特别是犬齿的作用减弱，故而牙齿变小，吻部短缩。在人类起源和演化过程中，人的智力随改造自然本领的增强而提高，智力和思维活动的物质基础——大脑也逐渐增大。

现代猿类是在古猿原有的生活习性基础上，更加朝适应于树栖生活方式发展，从而形成了今日它固有的特点。

因此，直立还是半直立姿势，吻部短缩还是前凸，以及脑量是大还是小，成为人和猿在体质上的分野标志，也是反映人的特点发展程度的标志。

3. 制造工具是人的专有活动

只有人才能有目的地制作和使用劳动工具，进行有计划、有预期效果的生产活动，为自己制造最广义的生活资料，这是自然界离开了人类就不复存在的活动，它对自然界具有改造意义的反作用。所以著名的哲学家、科学家本杰明·富兰克林称人为“制造工具的动物”。

一般动物能否制造和使用工具呢？我们可以看一看动物的情况：

蜜蜂采蜜，蚂蚁取食，河狸会啃断树枝去构筑“堤坝”，它们使用的“工具”只是自己的肢体和牙齿。

太平洋的一个岛上，生活着一种叫达尔文雀的小鸟，它会叼仙人掌刺去掏挖藏在树洞里的虫子，有时还会用嘴折断小树枝，把树杈和叶子去掉，“加工”成小棍来代替仙人掌刺。黑猿在天然状态里会用前肢和嘴巴加工草茎和小树枝，把它捅进白蚁窝里去，等白蚁咬住细树棍时，它便拔出来舔食被“钓”出来的白蚁。这里，动物对“工具”的“加工”，仅是利用它们本身的器官进行的。

动物的这种“加工”和使用“工具”的行为，与人类制造和使用工具是大不一样的。人类制作劳动工具的最大特点是使用“中介体”，也就是通过制造工具的工具进行的。

例如，原始人用石块去敲砸另一石块，制造出适于砍砸用的石器，这种“砍砸器”犹如斧子一样，既可直接用作狩猎的武器，也可用它去砍伐和修理树枝、木棍，制作出木质武器或工具。这里，最初用来敲砸石块制作“砍砸器”的那件石块，可称为“石锤”，是中介体。已制成的砍砸器又可用来制作其他工具，也是中介体，它们都是制造工具的工具，利用它们制作工具，这就不是一般动物所能做到的了。

此外，为适应不同的用途，人制造出各种类型的工具，特别是发明了不少效率高、复杂的“组合工具”，如矛、弓箭等。而且，制作工具的材料也是多种多样的，不仅有石块、木棒、动物的骨骼、犄角、软体动物的贝壳，后来还有金属等。总之，人类制作和使用工具是复杂的、经常性和有规律的活动。而动物所“加工”和使用的“工具”，种类极其有限，使用“工具”的活动也很单一，并不是经常和有规律的，主要是一种受本能驱使的活动，即使在最好的情况下，也只带有朦胧的意识性。

人类制作和使用劳动工具进行生产，还有更大的特点，即它是一种社会性的实践活动，在这活动中发展了人类的各种社会性能，例如通过语言的交流活动和发达的思维能力，使得人类成为一个“持有理性的动物”，这句话是希腊哲学家苏格拉底所说。而且通过这种社会性的实践，人们还结成了各种相互关系，从而构成了人类社会里极其错综复杂的图景。人类摆脱了纯生物学的联合而形成复杂的社会关系，人类成为最社会化的动物。人类的发展，也就是人类社会的发展，是按它固有的规律进行的，这更是其他动物所没有的。

所以，动物“加工”、使用“工具”的活动并非真正的工具加工活动，主要是生活的本能，所起的作用极其有限；而人类则是有意识地通过制作和使用劳动工具，进行生产活动，有意识地改造和支配自然界，从而使自然界为自己的目的服务。这才是自然界里名副其实的特殊动物——人！

寻找黄色人种的祖先[①]

——元谋盆地古人类研究历程

元谋，滇中高原上最低的一块盆地，自20世纪20年代起，中外地质学家即到此进行考察，发现其早更新世地层发育良好，并出土了早期真马化石，被地质界确认为是中国南方早更新世的标准地点，与北方的同期标准地点——泥河湾齐名，而著称于世。

1965年5月1日，地质学家们在元谋大那乌村附近早更新世地层中发现了原始人牙化石，从而揭开了该盆地古人类考察、发掘并获得一系列重要研究成果的序幕。

1973年冬，对元谋人牙化石产地进行了大规模发掘，获得了证明元谋人真实存在的证据——从人牙化石原生层中找到了石器、骨器以及可能为元谋人使用火的遗迹——炭屑和烧骨。

1976年，公布了元谋人牙齿化石的地质年代，据古地磁法测得数据为距今160万～180万年，这个数据将中国历史的开端，由北京人距今50万年，一下推前了100多万年，为此，元谋人的发现引起学术界很大的反响。正如古

① 原载《科技日报》1995年8月1日、8日。

人类学上任何重大的发现一样，同时也引起了争议：有人认为牙齿化石可能是猩猩的，或许是晚期人类的；也有人认为其年代未必有那么早，可能只有70多万年，甚至只有50万年左右。

元谋人是否是中国最早的原始人？这成为20世纪70年代后期与80年代初期中国古人类学界争论焦点之一。

元谋人牙齿被发现20年后，在元谋的竹棚一带发现了古猿牙齿化石，被有些学者命名为“能人”或“东方人”，认为它们是距今200万～250万年前的原始人类化石。1987～1988年，又在元谋的小河地区找到另一批古猿的化石，不仅有牙齿、颌骨残段，还找到一具幼崽头骨，又被这些学者命名为“蝴蝶拉玛猿”，认为它们是生活在距今400多万年前的人类祖先。据此，云南方面的部分专家提出，云南，特别是滇中地区是人类的发祥地。由此而引发的元谋古猿的属性成为近十多年来中国古人类学界又一争论焦点。

围绕这两大争论焦点，中国古人类学界展开了大量的研究工作，特别是近十年来在中国自然科学基金会和云南省人民政府的资助下，将研究工作推向深入，取得了一系列突破性的进展。

早在1991年8月，在北京召开的“第13届国际第四纪研究联合会大会”（INQUA）上出现一本作为大会系列书之一的《元谋第四纪地质与古人类》专著，它是由中国自然科学基金会资助元谋研究项目诸项研究成果的汇集。

书中不仅有对元谋人牙重新研究的成果、对新发现的元谋人胫骨化石的鉴定报告，还有对元谋人年代进行多项新测定的结果，除重复使用古地磁测年法外，还采用了氨基酸法、电子自旋共振测年法（ESR）和裂变径迹测年法(FTD)，它们分别测得元谋人年代为距今154万年、大于140万年和172万±17万年，这些数据与古地磁法进一步测得的数据，即元谋组第四段年代为距今133万～187万年，其中含人牙化石的层位为距今167万～187万年，基本吻合，它与最初公布的距今170万±10万年也相吻合。所以，在第13届国际第四纪研究联合会大会上，距今170万±10万年的元谋人作为中国目前已发现的最早的原始人获得了普遍承认。

1995年5月1日，来自中国、日本、匈牙利、越南和泰国的专家们云集在元谋举行"'元谋人'发现30周年纪念暨古人类国际学术研讨会"，会上特别检阅了近30年来元谋盆地第四纪地质与古人类学研究成果，它们是：

（1）前已述及，采用多种理化测年法，测得以牙齿化石为代表的元谋人年代为距今170万±10万年，元谋人是中国，乃至亚洲大陆上目前已确知年代最早的原始人代表。

（2）除牙齿化石外，又发现了时代稍晚的原始人胫骨化石，研究表明，其形态上有接近能人的特点，仍属直立人早期阶段的元谋人之列。

（3）在元谋盆地内发现了石器时代各个时期的典型器物，这些石器构成了一个包含旧石器、中石器和新石器诸时代相当完整的古文化系列，成为西南地区有代表性的石器时代文化演化的缩影，因此进一步证明了长江流域也是中华古文明的摇篮之一。

（4）发现了距今 400 万～500 万年前的人猿超科的古猿化石，为研究人猿超科，特别是亚洲大型猿类的演化和古猿与人类起源的关系提供了重要线索。

（5）发现了晚新生代不同时期丰富的古生物化石，据此建立了 5 个哺乳动物群和 7 个孢粉段，特别研究了它们与古人类的伴生关系。

（6）采用多种手段、结合古人类的活动对元谋盆地内晚新生代古环境与地层进行了广泛深入的研究，并获得重要成果。

（7）对元谋组地层进行了新的综合研究和重新划分，建立早更新世元谋组层型的新剖面，这个剖面对研究第四纪的下限提供了很理想的地层依据。

（8）系统研究了元谋盆地的新构造运动，进行了分期的划分与对比研究，特别研究了在元谋地层沉积后不久所发生的一次强烈的地壳运动，即“元谋运动”以及它对中国古地貌与古环境的重要影响。

总之，这 30 年来，特别是近 10 年来的研究，表明元谋盆地不仅是研究古人类与史前文化的理想地区，也是研究第四纪地质、地貌、新构造运动以及晚新生代古生物、古气候和古环境的最佳地区。

在这次纪念会上还就云南能否是人类发祥地进行了

探讨。

近些年来，云南省方面有些学者依据在云南开远、禄丰和元谋等地发现的古猿化石，将之与后期人类化石联成一个发展系列，即拉玛猿（开远、禄丰和元谋）→“能人”或“东方人”→元谋人→距今几万年至1万年左右的昭通人、西畴人、昆明人和丽江人等，从而提出云南，特别是滇中地区是人类的发祥地，这一观点亦为少数日本学者所接受，在元谋人纪念会上有所阐述。

其实，现代古人类学研究已表明，拉玛猿并不是人类的祖先，实为西瓦猿的雌性个体。西瓦猿广泛分布于亚洲大陆地史上的某一时期，它们是一类朝现代亚洲猩猩（褐猿）发展，或者在发展过程中已灭绝的古猿群。将拉玛猿视作人类祖先的观念已为大多数学者所抛弃，究竟哪种古猿是人类的祖先，学术界中尚无定论，事实上，目前还未找到。

我国学术界对云南的许多古猿化石属性也有极多争议，但不争的事实是，在与现代大型猿类的对比研究中，这些古猿的形态特点与亚洲褐猿最为接近。现代古人类学研究已表明，在所有现代大型猿类中，非洲的猿类与人类血缘关系最密切，在分类上，它们已并为一类，属于同一科，即 Hominidae，而亚洲的大型猿类——褐猿，是作为与之并列的另一科：Pongidae，这两科的分化时间在距今800万年前。只是到了距今400多万年前，非洲大型猿类与人类这一支系才分开，也就是在亚科级水平上它们才分开了。

元谋盆地的小河地区曾发现一具古猿幼崽的头骨，曾被人们视作“拉玛猿”。实际上，据我研究，它的形态特征与褐猿幼崽十分接近，而与早期人类（南猿）的幼童相去甚远。至于出自元谋盆地竹棚地区的一批古猿牙齿，曾被有些专家视作“能人”或“东方人”，也难成立。其形态特征与小河地区古猿的同类牙齿非常相近，两者混合在一起简直难以区分，而这些牙齿的形态与褐猿也甚相似。竹棚地区古猿的年代，经研究也非250万年前，而是与小河地区相近。所以看来在元谋盆地发现的古猿，距今400万～500万年，它们与在开远和禄丰地区发现的古猿在形态上具有共同性，它们之间的差异只代表着时间和进化程度的不同，在分类学上，它们同属“云南西瓦猿”，是不同的亚种。（这就意味着，进化为元谋人的古猿迄今尚未找到。）我在研究华南猩猩的灭绝问题时曾推测更新世时期广泛生存在我国南方的猩猩，其祖先很可能是云南西瓦猿中的代表。元谋盆地这些古猿化石的发现，进一步增强了这个推测的合理性。由此说来，它们成不了进化为元谋人的祖先类型，进化为元谋人的猿类祖先还有待于未来的发现。

那么人类的发祥地何在？也就是人类的摇篮在何方？作为人类起源的关键地区和时间，在我看来应是指人类近祖与他亲缘关系最密切的猿类近祖开始分离，到最终分离的地区和时间，其距今年代，据分子人类学研究推测在400万～500万年前，两者分开的地方有两种说法，或“非洲说”，或“南亚说”。

不能不说，目前在非洲找到了大量的原始人类化石，无论在种类和数量上，还是在时间的跨度上都大大超过了在亚洲地区目前所获的材料。

在非洲，尤其东非地区和南非地区，于距今三五百万年至一百万年间，在“南猿”名下已拥有各种类型的代表，“南猿群”是一个非常繁杂的原始人群，其中既有朝特化方向发展以致最后灭绝了的粗壮类型，如埃塞俄比亚种南猿和由它演化发展而来的粗壮种和鲍氏种南猿，也有另一支朝向后期人类发展的纤细型进步性的南猿——非洲种南猿，由它演化发展为“卢道尔夫人”（所谓“1470 号人”）和“能人”，后两者已被列入“人属”之中，认为由他们发展为“直立人”，通过“化石智人”最后演化为现代人。

循着这条进化线往前追溯，则有距今 350 万年左右的“阿法种南猿”，不仅有遗骸化石，还找到他们留下的直立类型脚印。最近还报道了在埃塞俄比亚首都东北方，距阿法种南猿化石产地不太远处，从距今 440 万年的地层中找到 17 件南猿型化石，这些化石的体质特征非常接近黑猿的特点，而黑猿是所有现代大型猿类中最接近人类的猿类。这批化石材料的地质年代十分接近非洲猿类的祖先与人类祖先的分化时期，所以它们被命名为“A. ramidus”——“ramid”有“根”的意思，故可称为“始祖南猿”（以后又重新订名为“始祖种地栖猿”）。此外，在史前文化方面，非洲方面已找到了据说是距今 250 万年以上的石器，主要在东非图尔卡纳湖东岸找到。

那么在我国和亚洲大陆其他地区的情况又如何呢？在根据非洲丰富的人类化石所构筑的人类进化谱系或模式中，在距今 200 万～400 万年段中，亚洲仍是空白状态；而在距今 100 万～200 万年段中，亚洲的材料屈指可数，在我国除元谋外，尚有广西柳城巨猿洞中发现的一段上颌残块，四川巫山与巨猿牙齿一起发现的类似原始人的牙齿，以及湖北建始与巨猿牙齿一起发现的亦有个别似人的牙齿，它们的时间可能与元谋人同期或稍晚，主要为直立人型，亚洲其他地区就只有印尼爪哇岛上，不仅有经典的直立人化石，据称，近些年来还发现可能有距今 200 万年的原始人类化石材料。

就元谋盆地而言，历经 30 年的考察，基本还停留在两颗牙齿化石以及一段稍晚时期的胫骨化石上。太少了！与此同期，在非洲不仅有完整的颅骨，甚至有距今 160 万年几乎完整的骨架。

自然科学，特别是探索人类起源的古人类学研究，讲究的是实际材料和严格的科学态度，光有良好的愿望是不够的，科学推论要有实际材料为依据，在坚实的物质基础上才能有根有据地进行合理的推论和建立新的理论体系。仅凭零零星星的材料，虽能作必要的推断，但这有很大的局限性。元谋盆地古人类研究已 30 年，但对它的深入研究还有待于新材料和关键材料的不断涌现。就目前而言，人类发祥地就在非、亚两地角逐，但以事实为依据的话，“南亚说”尚处劣势，还需努力发掘更多材料而了解实情。云南作为人类发祥地之说，证据远远不够，然而若作为黄色人种的发祥地，还是有一定依据的。我们可以这样说，从目前已拥有的材料看，长江流域上游，或金沙江流域，是黄色人种的发祥地之一，这大概是说得过去的。

揭开猿类王国的奥秘①

现代猿类有 4 种：长臂猿、褐猿、大猿和黑猿。第一种为小型猿，后三种为大型猿。大型猿由于似人又被称为“类人猿”。它们与人类最接近，被称为人类的“表兄弟”。

1. 长臂猿（Hylobates）

它是一种低等猿，身高 1 米左右，体重约 10 千克，毛色驳杂，脑量不超过 100～120 毫升，纯树栖生活。长臂猿，顾名思义，它们的前肢很长，可接近身长的两倍，是臂行的能手，在树枝间摆荡跃进的速度之快，可以攫捕飞鸟。偶尔下地活动时，能直立起来，此时双膝弯曲，用前肢张开或高举在头顶上来维持平衡。它发出的声音犹如歌声，婉转动听。

长臂猿广泛分布于中南半岛和马来西亚地区。在我国的西双版纳和海南岛热带雨林中也有分布，但数量极其有限。除了上述的普通长臂猿外，还有一种第二趾和第三趾长在一起的合趾猿，它们形体较大，毛色黑亮，而且拥有

① 原载《崛起的文明——人类起源的文化透视》，东北林业大学出版社，1996 年版。

发声时起共鸣作用的喉囊，这种长臂猿只栖息在苏门答腊一地。

2. 褐猿（Pongo）

这种猿身体较大，雄性体高可达 1.4 米，体重为 100～120 千克，雌性明显小得多，还不及雄性的一半大。雄性与雌性的区别还表现在：雄性两颊有大肉疣，呈内凹的隆凸状；雄性的头骨上还有发达的矢状骨脊；成年雄性的喉囊特别大，一直延伸到胸部，可用它来支持沉重的头部。褐猿的脑量为 300～500 毫升。身上多毛且密，毛色呈微红褐色（有些人称它为“红猩猩”）。前臂较长，可触及到脚踝处。褐猿主要在树上活动，手脚兼用，攀援于树丛中。下到地面时，手指攥成拳头，以指背着地支撑着身体，半直立姿态行走，脚掌以外侧部着地呈“反踵状”，行动缓慢，很少直立。褐猿主要以果实、嫩叶为食，常用强大的臼齿来咬破坚果外壳。

褐猿现在只有一种，分布在东南亚的加里曼丹和苏门答腊地区。目前褐猿在我国已无踪影，但在地史上的更新世时期，它们曾广泛分布于我国的华南地区。

3. 大猿（Gorilla）

这是身体最大的一种猿。雄性的身高有 1.8 米以上，最高的可达 2 米，肩宽 1 米，体重在 200 千克左右，雌性相对小些。大猿的脑量为 400～600 毫升。由于身体过于庞大，已不适应树上生活，故多数时间在地面上活动。它以半直立姿势行走，并以前肢作为支撑，以指节背面着地，像拄着拐杖似的。大猿可直立起来，此时整个脚掌着地，脚趾不弯曲。有时还站起来拍打胸部，外表显得很凶猛，实际上性情是较为温和的。基本属素食性。大猿通常结成不大的群体，群体内包含着若干个家庭小群体，后者常由一只雄性带领数只雌性生活，但这种群体是临时性的。

大猿主要分布在非洲赤道地区的热带森林中，只有一个种，这个种可分布两个亚种，一个为沿海大猿或叫低地大猿，主要栖息在西非的喀麦隆和加蓬地区；另一个为高山大猿，栖息在非洲的刚果和乌干达交界处 3000 米以上的山地里。

4. 黑猿（Pan）

黑猿数量最多，共有 3 个种。最著名的为普通黑猿，它最早为人们所知。黑猿的平均体重为 50 千克，身高达 1.5 米，雌雄两性的差异要比大猿和褐猿小得多。毛色一般呈黑色，喜欢在树上活动，能在树上构筑临时用的巢，以供晚上睡觉用。善于臂行，有时下地活动可以勉强地直立行走，但快跑时需用前肢撑地。喜群居，每群有 10 只以上，最多时有 30～40 只。杂食性，除素食外，常捕捉小鸟兽吃。主要分布在非洲的刚果河和尼日尔河流域热带森林中。

还有一种栖息在刚果河中游东面（扎伊尔）大约 2000 平方千米范围内的矮种黑猿，它被称为“卑格米黑猿”。但根据近年来的研究表明，这种称号是错误的。因为实际上它们的个子并不矮，体重为 25～48 千克，普通黑猿为

40～50 千克。它们的平均身高为 1.16 米，平均脑量为 350 毫升，普通黑猿为 400 毫升。它们的头小，面黑色，唇呈粉红色，眼眶狭，面部突出。脚的第二、第三趾间有蹼。一般也称它们为波诺波黑猿（Bonobos），这个名字是来自一个小镇的名称“Bonobo”，因最初就是从这个小镇上获得其标本的。由于它们在 1933 年才被定名，故又被称为“最新的猿”。它们大部分时间在树上取食，有时到地面上用四足行走，50%的时间用双足行走，此时是为了携带食物和其他物品。近年来它们被科学界所看重，认为它们的许多习性可能与人类的远祖相近。

另外，还有一种秃头黑猿，它的头上几乎没有头发。

过去，我们对这些猿类的行为、习性和群体生活的内容所知甚少，有时也被一些似是而非的传闻所迷惑，得出了一些不正确的结论。例如，认为大猿极其凶残……现在对它们的认识有了很大的转变。因为自 20 世纪 60 年代以来，一支研究野生猿类和猴类的队伍异军突起，他们通过艰苦的实地考察，有时甚至生活在猿群之中，揭示了以往为人们所少知或未知的猿类群体生活的种种奥秘。这些实地考察，不仅进一步论证了人与猿密切的亲缘关系，而且也为探索从猿到人的转变过程和人类远祖的早期生活提供了重要的线索。

在从事野生猿类生态考察的科研人员中，有一批勇敢的姑娘，她们不畏艰险，克服了重重困难，长期地深入到原始丛林里，与猿群打成一片。她们以女性特有的耐性和细心，强烈而又微妙的感受性，细致入微地观察并详尽地记录科学实践的过程与重要事件，获得了珍贵的第一手资料，为揭开笼罩在猿类王国上的神秘帷幕做出了杰出的贡献。她们是谁呢？首推年轻的英国姑娘珍妮·古多尔。正是她开辟了这一迷人而又富有成果的野外考察生活的道路。

1960年，古多尔中学毕业后，只身进入非洲丛林，在东非的坦桑尼亚贡贝河禁猎区（现已成为贡贝河国家公园）从事对黑猿的考察活动，她的活动引起了各方面的关注和支持。

她的考察活动是以黑猿的行为学为主要内容。除以猿群的整体活动为对象外，还对组成群体的各个成员进行了细致的观察。她所创立的“黑猿行为学”对研究人类起源具有重大的学术价值。

她的研究一直坚持到今日。1995年5月，美国《国家地理杂志》将最高奖——Hubbard奖章授予她。

斯特拉·布鲁尔是从事黑猿生态研究的另一位姑娘，她也是英国人。

斯特拉·布鲁尔的活动与古多尔不同的是：她试图将一批饲养中的黑猿释放回自然界。为此，她将大自然作为特殊的实验室。她与黑猿生活在一起，教会它们如何摆脱对人类的依赖性，去适应野生状态，在野外生存下去。在这艰苦但又充满活力的实践中，她对黑猿的行为、习性与群体生活进行了深入的考察，从另一个角度揭示了黑猿生活中的许多奥秘。

她的科学考察活动曾得到古多尔的热情支持和协助，为了帮助她更好地从事这种活动，古多尔特地邀请布鲁尔到她的实验站见习。此外，还有意大利姑娘雷法拉带着她饲养的小黑猿加入到布鲁尔的实验中来，美国姑娘夏莱纳也参加到布鲁尔的“黑猿重返大自然”的科学活动中。

这里要提一句的是，古多尔和布鲁尔所考察的是普通黑猿。另外，波诺波黑猿是由日本学者加纳隆至和西田利夫自 1973 年起进行考察的。

黛安娜·福斯埃是一位美国姑娘，也是一位杰出的野外考察能手。自 1967 年起，她对中非地区的山地大猿进行了实地考察。

正像布鲁尔一样，她也读过古多尔的著作并到她的实验营地去考察过。她着重考察大猿的群体关系，有不少新的发现。例如，她意外地发现大猿并非人们过去所想象的那么凶残、好攻击人。恰恰相反，它们是很温和的动物，而且智力也相当高。

福斯埃的野外考察报告不时地刊登在美国《国家地理杂志》上。很不幸的是，福斯埃最后丧生在偷猎者的刀下，为保护这些可爱的大猿而献出了她宝贵的生命。

对于亚洲褐猿生态的考察研究，是由比鲁特·加尔狄卡斯主持进行的。自 1971 年起，她在印度尼西亚加里曼丹地区从事考察活动。据她统计，截至 1980 年，她在野外与褐猿相处、考察已累计达 13000 小时。

加尔狄卡斯的研究工作是将那些从偷猎者那里没收来

的褐猿，以及各地饲养的褐猿集中起来进行放养，在这种让褐猿重归森林的过程中，对褐猿的生态进行深入的考察和研究。

这些褐猿因与人类共同相处了或长或短的时间，对人为的生活已产生了一定的依赖性。要使它们抛弃已形成的习惯，去适应野生状态的生活，这恰恰是从相反的角度来认识猿类的行为和习性的极好机会。

为了展开多方面的研究，在 1978 年，她还聘请了加里·夏庇罗来教褐猿掌握手势语。更有甚者，加尔狄卡斯的儿子宾笛出生后，她为了对猿崽和人类儿童发育过程中的智力与行为进行对比研究，她让宾笛与猿崽共同生活在一起，还让他们使用手势语进行交流。

在对褐猿生态的考察中，加尔狄卡斯发现了不少过去未曾注意到的现象。例如，褐猿并非人们以往所认为的纯树栖性动物，它们也有不少时间是在地面上活动的，甚至有时还在地面上睡午觉。她还发现，褐猿在人为的环境中生活的时间愈长就愈难以重返到大自然中去生活，这与布鲁尔的发现颇为相似，这是很有意义的。

现在让我们来看看，这些野外工作的能手所取得的成果。

首先，在野生状态下观察到黑猿使用和制作工具的情况：

1.“钓”蚂蚁

这是一个很著名的黑猿使用和制作“工具”的实例，

最先是由古多尔在贡贝河地区发现的。她看到黑猿利用草茎和细棍“钓”蚂蚁，而且在必要时还会修整这些“钓具”。

蚂蚁是群居的，对侵犯它们巢穴的东西会紧紧咬住不放。黑猿利用了蚂蚁这一特性，把树枝捅进洞穴，待它们成群咬住树枝后便抽出树枝，许多蚂蚁就这样被“钓”出来了。然后黑猿便舔食这些“美味”。

黑猿在“取食”蚂蚁时，如果蚁穴入口大，手可以直接伸进去捕捉时，它就不“钓”；若手伸不进去，就用树枝来帮忙。它会用手和牙齿将树枝条上的小枝叶去掉，制成合适的“工具”。如果洞口小，用树枝不方便，则改用细的藤蔓，或将藤皮去掉再用。有时也会用去掉树皮的小枝，或者直接将树皮加工成细条状的“钓棒”。极少情况下，黑猿还会用嘴去掉椭圆形大树叶的叶肉，然后取其中的叶脉作为“钓棒”。

古多尔曾观察到：黑猿先将枝条太柔软的端部折去，然后将手紧握成拳状捋去叶子，在使用过程中，不时地把已不适用的端部用牙齿咬掉。而布鲁尔观察到的情况是这样的：她看到一头名叫“蒂娜”的母猿折下一根细嫩的树枝，用嘴咬住一头，用手将叶子捋去，最后把留在嫩枝一端的两片叶子也去掉，这样“钓棒”就做成了。当蒂娜“钓”蚂蚁将小枝折断时，它就揪去一节，直至不能再用时，便丢掉残棒另做新的。一般成年黑猿使用的“钓棒”长约二三十厘米。

通常黑猿制作一个这样的“钓棒”只需不到1分钟的时间就能完成，尚未发现有利用其他“工具”来加工“钓棒”的。

“钓”蚂蚁的时间。每次自“钓棒”捅入洞内到取出舔食，最短2.6秒，最长15.9秒，平均6.9秒。“钓”蚂蚁的整个过程可延续1小时以上，最长的可达86分钟。

“钓”蚂蚁的行为，在地理间隔很远的黑猿群中均可观察到。古多尔还发现，随着幼小黑猿的成长，其“钓”蚂蚁的行为也不断地有所进步，而且小猿还会观察其母亲的“钓”蚂蚁行为，并加以模仿。一般讲，黑猿3岁时开始尝试使用“工具”，而“钓”蚂蚁的活动也大致开始于此时。

2. 用树叶团吸水，吸附脑和血

黑猿用树叶来吸取存留在树洞中水的举动为古多尔所发现。她看到，当树洞较深，黑猿的嘴唇够不着水时，它会摘下一些树叶放在嘴里咀嚼，然后将树叶团吐出，用食指和中指将它夹着塞进树洞里，这个树叶团就犹如“海绵团”似的吸附树洞中的水，然后黑猿将这个“海绵团”从树洞中拿出吸吮，而且反复多次使用。

古多尔还发现，黑猿很喜欢吃食其他动物的脑髓，有时它们会用嚼过的树叶团塞进几乎已空的脑颅腔内，以吸收残存的脑和血。有些学者还发现，黑猿把这种吸附着脑和血的树叶团咀嚼后，吐出来再交给另一只黑猿去咀嚼，就这样经过三四个黑猿连续咀嚼后，树叶团最后被吞下或扔掉。专家们认为，黑猿利用树叶团是为了延长吃食柔软食物的时间和增加味道。看来这是有意改变物体形态使其作为“工具”的又一实例。

3. 利用石块和树枝作为武器

古多尔观察到，黑猿和狒狒为争夺香蕉而发生激烈的冲突时，年老的雄猿会冲着狒狒扔石头，有时手边没有合适的石头，就扔树枝甚至树叶，所有其他的成年雄猿也跟着采取同样的办法来对付狒狒。

所有成年的雄性黑猿和大多数年轻的雄性黑猿都用投掷物体来显示它们的威力，特别是在被激怒的情况下，有的黑猿甚至会折断树枝，扛着它快跑，然后像投掷标枪那样将它投出去，有的则投掷大石块以显示其威力。

4. 利用石块和木棍砸坚果和挖昆虫

布鲁尔观察到，黑猿颇会利用“工具”砸坚果。它们拿着坚果先在树干上摔出裂缝，然后用小棍插到裂缝中，用手使劲下压，将果壳打开。

西非地区的黑猿会利用石块砸开油棕果的硬壳，还会用木棒伸进土蜂窝蘸蜂蜜吃。

5. 利用石块和树叶擦去身上的污垢

许多黑猿会利用树叶来擦去沾在身上的血迹、泥巴或嘴上的食物残渣，如果小猿便溺弄脏了身体，母猿会使用叶片给它擦干净。古多尔还观察到，黑猿有时将叶片贴在流血的伤口上。

但科学家们发现，无论何等聪明的猿类，它们制作和使用“工具”的行为都没有超出使用自身的器官，猿类从来没有想到利用其他物体来加工它的“工具”。

不过从黑猿“钓”蚂蚁的举动中，我们可以看到，虽然捕食昆虫（包括蚂蚁）是许多动物的习性，但是只发现黑猿有利用“工具”取食蚂蚁的能力。它们知道按蚁穴洞口的大小选择不同的方法，懂得选择工具的材料，而且知道在它们的区域内蚂蚁会在哪些树上营巢生活，熟悉哪些种类的蚂蚁有咬异物的习性。所有这一切都表明了黑猿具有一定的智力。它们“钓”蚂蚁的举动已非纯本能活动，已具有了意识的萌芽。

其次，考察还发现猿类并非纯素食者，而且猿类能协同捕猎并共享猎物。

长期以来人们误以为猿类是纯素食者，只是偶然吃一些昆虫、鸟蛋等。野外考察表明并非如此，在猿类的取食中，肉食成分也占有一定的比例。

据古多尔的观察，在贡贝河地区一个由 40 多只黑猿组成的猿群的肉食“食谱”如下：各类昆虫（包括甲虫、黄蜂、五倍子虫、蚂蚁和白蚁等）、鸟卵、刚学会飞行的小鸟以及一些大动物（如幼小的林羚、非洲野猪、狒狒、黑红疣猴、红尾猴和青猴等）。这里牵涉到一个问题，即黑猿捕猎究竟采取什么形式？

据观察，贡贝河地区黑猿捕捉动物时，除了采用简单的突然冲刺外，还采取追击和蹑手蹑脚地追踪两种方法。特别是蹑手蹑脚地追踪，是有预谋并采用一些花招的捕捉方法。这个过程常由几只黑猿合作进行，最多时曾看到 5

只雄性黑猿一起围捕 3 只被赶上了树的狒狒。

捕猎过程最后是以共同分享捕获物而告结束的。分享猎物的场面很有趣，除了参与捕猎的猿各获得一份猎物外，即使没有参加捕猎的，在事后赶到现场的也可以抓取猎物尸体的一部分。

然而，古多尔发现的情况并非完全如此。她说，有一次她观察到黑猿猎取狒狒后，那个捉住狒狒的黑猿开始并不准其他成员来分享它的猎获物，只是在它吃得差不多时，把剩下的残物朝地下一放，才允许其他的猿类来分享，此时其他黑猿便为争夺剩肉而厮打起来。

布鲁尔在她所考察的猿群中，也曾观察到黑猿猎取猴子的举动。据她观察，在最初的捕猎活动中，它们之间并没有什么协调的行为，只是以后才逐步学会“协同捕猎”的。

1992 年 3 月，美国《国家地理杂志》报道了美国动物学家克里斯多夫·波伊萨在非洲考察黑猿利用工具和捕猎的最新发现。这些发现为以往所不知，黑猿不仅能收集石块用作砸坚果的槌子，而且还记得用后将石块放置的地方；母猿有时还会教授幼崽如何利用这些石槌砸坚果。此外还拍摄到猿群捕猎分工的情况，其中有充当“杀手”的、有充当“追赶者”和“埋伏者”的，一旦遇到单个疣猴，它们就迅速扑杀，然后全体成员分而食之。

有些学者认为，黑猿合作捕猎和分享猎物的行为，不仅是为了增加肉食成分，而且还具有社会性意义。甚至认为这种行为出现在人类产生之前，可能会改变有关人类起源的某些学说，即直立姿势和捕猎行为产生的前提是双手解放和工具使用的说法未必有根据。有的还认为猿类这种行为的出现，是否就是人们常考虑的人类祖先在开阔的疏林草原上的捕猎行为，这似乎表明人类与非人类灵长类动物之间的行为差别也越来越小。

再者，考察过程中还发现：猿类并不都是惧怕火的。这个发现很重要。

人征服了火，而一般动物却惧怕火。猿呢？据布鲁尔的观察，火对猿类有很大的诱惑力。猿类能意识到火的危险，因而它们会小心翼翼地接触火，避免被它烧伤。布鲁尔说，虽然她没有看到黑猿为了使火烧旺而去吹火炭，但她看到过黑猿会将火炭堆得非常合适，让火重新烧旺起来。她还发现在较凉的气候里，黑猿喜欢躺在热灰上休息。

有一次，森林发生了火灾，黑猿并没有表现出特别惊慌的神态。几天以后，布鲁尔带着几只黑猿到河谷里去散步，她发现黑猿竟在树下的灰烬中寻找和拣取烧焦的荚果籽吃。

这些有趣的情节，展现了我们远祖生活的另一面——只有对火具有兴趣和乐于接近它，才能有使用火去达到某些目的的过渡。这一发现是有意义的。

此外，观察过程中最令考察者感兴趣的是猿类的群体生活。这方面的考察主要集中在猿群内的性关系上。这是因为猿类的群体生活主要反映在性关系上，动物群体中配偶形式往往对群体的组成形式、群内成员的协作关系与群体的稳固状态有着重要的影响。

据古多尔对黑猿群的观察发现，成熟的雄性黑猿留在群体内，会使雄性黑猿之间多少有着血缘关系；而群体内的雌性黑猿在发情期间则往往离开原群体加入邻近的群体中去，这样就避免了近亲繁殖的弊病。

当发情的雌性黑猿加入到某群体时，整个群体内的雄性黑猿就活跃起来了。在性关系上，雌性黑猿个体与多数雄性黑猿顺次交配，雄性黑猿之间没有发生为了争偶而搏斗的现象。相互之间是颇能容忍的。

在雌性黑猿发情期间，它有一个十分明显的标志，即阴部的性皮结构肿胀并呈粉红色，体积增大。这个过程前后约 10 天，雄性黑猿常对雌性黑猿作出种种“求爱”的表示，有时还出现带有威吓性的短暂求偶活动——实际上是一种夸耀行为。黑猿的交配时间大约维持半分钟。

在亚洲褐猿中情况就不同了，据加尔狄卡斯的观察，褐猿在交配时是不允许另一雄性褐猿在场的。雄性褐猿常常是“强者为王”，如第三者是强大的，它会驱逐已有的雄性褐猿而去占有雌性褐猿。为争偶，雄性褐猿间常发生格斗，有时颇为激烈。加尔狄卡斯在她几年的观察里，曾碰到 3 次雄性褐猿间为争偶而激烈地搏斗。在通常情况下，成年的雄性褐猿总是避免与其他褐猿接触，不喜集群，而是“独来独往”。雌性褐猿却经常三五成群地活动，不过持续时间并不长。据观察，曾有两头雌性褐猿各带一幼崽共同生活了3天，这算是所记录到的最长的集群时间了。虽然未成年褐猿经常三五成群地活动，但总的说来，褐猿的合群性较差，群体关系不算密切。

至于大猿的情况有不同的观察结果。有的考察者发现：大猿的群体比较稳定，一般是由一个年长的雄性大猿领头（因其背部的长毛随年岁增大而变成灰白色，故称为“银背”），带领若干头雌性大猿和它们的后代，以及一两只年轻的雄性大猿组成一个群体。作为群的领头者——“银背”，是不能容忍其他雄性大猿对雌性大猿的占有权的，由此雄性大猿常常为保护自己的特权或争夺雌性大猿而与其他雄性大猿进行激烈的搏斗。与黑猿发展了其性交配的能力相比，大猿则发展了它的战斗能力。大概鉴于此，雄性大猿几乎从不出现“求爱”的现象，雌性大猿发情期只有1～2天，其性皮的肿胀程度也不明显。

然而，福斯埃的观察却发现：在有的群体内，雄性大猿之间并非全是敌对性的。每个大猿群体内除了一个领头的“银背”外，在它之下还有一只或几只从属的“黑背”，此外是年轻或年幼的雄性大猿和雌性大猿。“银背”有时也能容忍其他雄性大猿与雌性大猿交配。她还发现，有一群大猿竟是由5个成年雄性“光杆儿”组成的。

最近，日本学者加纳隆至将近20年来对波诺波黑猿考察的结果披露出来，揭示了波诺波黑猿与普通黑猿有许多不同的习惯。他观察到：雌性个体率领其幼崽构成了猿群的“核心”，其中为首的雌性常具有权威性，连年轻的雄性个体都服从它的支配。在性关系上，雌性处于主动地位，它能以至少 20 种手势和叫声来表达交配的意欲。处于青春期的雌性会主动地接近雄性个体，以要求与之交配。交配后还会从雄性那里取走一些食物——甘蔗。这种以物易性式的性行为在该猿群中是常见的。幼崽常模仿它们亲辈“面对面式”的交配动作，这种性交方式在波诺波黑猿中很平凡，但少见于普通黑猿、褐猿和大猿中。雌性月经周期为 46 天，成熟后，每年几乎一半时间处于发情状态——性皮肿胀呈粉红色。它与普通黑猿一样，生殖周期为 5 年，但与之不同的是，在幼崽出生后的一年，雌性就能再行交配。

在群体内，波诺波黑猿雄性间没有争偶现象，也正是这种和平相处的气氛，使拥有百名成员的大群体能得以形成。波诺波黑猿的母子关系能保持终生，而雌性幼崽一旦长到性成熟期，就会离开原来的群体，加入到其他猿群中去。

在群体的组成与性关系上，我们看到了在几种猿类间有较大的差异，无疑，这种差异反映了进化程度上的差别。雄性猿间的相互容忍仍是构成稳定猿群的前提条件，是在生存斗争中维持强有力的群体的因素。只有稳定的群体生活，才有可能促使社会生活的发展，促使群内成员密切关系的发展。在这一点上黑猿和波诺波黑猿显示了较高的进化水平，这无疑从另一方面反映了我们远古祖先所经历的进化过程。

黑猿群体与群体之间的相互关系又如何呢？根据古多尔的观察，每个黑猿群体都有自己的活动和取食区域，其面积在13～21平方千米。白天，常有一些雄性黑猿在活动区域的边界巡视，以防其他猿群的成员闯入其内。

如果在巡视过程中碰到另外的猿群，若对方是群体，一般是相互对峙威胁一番，然后各自后撤了事。倘若来犯的是单身或仅是携带幼崽的雌性黑猿，巡逻者就会发动进攻，甚至杀害它们。这种“边境纠纷”，似乎表明了黑猿群体与群体之间的关系远非和睦，而是对立的。

古多尔在观察时曾发现一个黑猿群体在1970年开始发生了分裂，到1972年成为两个完全对立的群体。原群体占据了原活动区的北半部，分裂出来的小群体占据南半部，随后不长时间便开始发生“边境纠纷”，大群体捕杀小群体成员的事件时有发生，直到1977年底，小群体成员被大群体彻底消灭，整个活动区域又归大群体所占据。

根据福斯埃的观察，在大猿群体之间还未发现有如此激烈的对抗现象。但群体也并非稳定，而是处于变动之中。甚至有两群体合并为一的趋势。这主要是由于其中一个群体失去了雌性大猿所造成的。

在波诺波黑猿群中没观察到像普通黑猿间那样的情况，即某雄性黑猿杀死其他雄性黑猿的现象，也未见到那种为肉食而捕猎的现象。

达尔文理论与劳动创人论[①]

一 达尔文理论

1859年，进化论者达尔文出版了他的巨著《根据自然选择的物种起源》(简称《物种起源》)。他在该书中，根据大量无可争辩的事实指出：生物不是固定不变的；物种通过遗传与变异、生存竞争、自然选择和适者生存，引起性状分歧而进化。揭示了生物变化和发展的规律，科学地解释了不同物种的起源。第一次把生物学放在坚实的科学基础之上。达尔文的生物进化理论的要点是什么呢？达尔文在总结前人经验的基础上，经过自己的潜心研究，特别是从马尔萨斯人口理论和人工选择的实践获得启发而建立起来的这一学说，其核心思想是“自然选择”。他认为，既然在农业选种和畜牧育种上起主导作用的是“人工选择”，那么自然界中生物进化的动力只有具体的自然界，即“自然选择”。“自然选择”学说的要点为：

① 原载《崛起的文明——人类起源的文化透视》，东北林业大学出版社，1996年版。

（1）遗传与变异。自然界中的生物普遍存在性状的变异现象，这种变异包括：常规的一定变异和稀少的不定变异。它们都是能遗传的，尤其后者，是自然选择的主要材料。

（2）生存竞争。生物个体的繁殖是按几何级数增加的，但事实上能存活的个体却不多，这是由于自然界中存在生物为生存而竞争的机制。这种竞争可以发生在同一物种内的不同个体之间，或者不同物种之间，甚至生物与外界的生活条件之间。

（3）自然选择。一方面生物在不同生活条件下发生变异，另一方面生物之间、生物与无机界之间又进行复杂的生存竞争。在这种情况下，任何有利的变异都会对竞争有利，从而让个体获得生存机会。不利的变异则无益于竞争，反而会造成个体的消灭。这种过程叫“适者生存”或“自然选择”——仿佛自然界在起着这种选择作用。正是这一过程，使得生物能更好地适应复杂的生活环境。

（4）性状分歧。生物进化就是对环境的适应。由于适应不同的生态条件或地理条件，促使物种发生分化，产生形态构造上的许多差别。这个过程反映了生物诸性状的分化，也就是“分歧”的过程。由此造成不同的新物种，生物就是这样进化的。达尔文还指出，生物进化是一个渐变的连续过程，生物起源于共同的祖先。达尔文的这一生物进化理论把原先生物间毫无联系、神造和不变思想赶出了生命科学领域，极大地推动了生物学的发展。

达尔文本人曾承认，对于生物遗传的规律他并不完全了解。事实上，当时的遗传学尚处于发展的古典时期，以后，近代科学对达尔文进化理论的挑战主要也还是来自遗传学进展而产生的新概念。

1871 年，达尔文发表了《人类起源和性的选择》一书，他在该书中运用自己有关生物进化的全套理论来研究和证明人类起源于动物，确定人类在生物界的位置，以及人和高等动物之间的血缘关系，用“自然选择”的理论来解释从动物到人的进化过程。

首先，达尔文研究了人类的变异性，肯定人类同动物一样，是具有变异能力的，而且各种变异具有遗传性，不仅身体结构、生理特点可以遗传，而且连精神和心理特征也能够遗传。

其次，他认为人类也同样受到支配生物进化的各种规律的影响。人类的形成跟其他生物一样，都是在“自然选择”的复杂影响下进行的。

他认为，人类在生存斗争中之所以能比其他动物占优势，不仅依靠自身的体质，另一方面还依靠自己的高度智慧和社会习惯——互助互援的道德心及合群性等。智力的发达是人类进化的重要条件，高度的智慧又促进了语言的发展，这是人类明显进步的重要因素。

接下来，达尔文用“自然选择”作为进化动力，像解释其他动物的演变一样，解释了从猿到人发展过程中所有的一切变化。如直立、双手、牙齿、颅骨、脑、智力以及人的智慧的各种特性等，甚至社会的各种特性、人类的社会习惯以及道德、伦理等都是自然选择的结果。

关于各人种之间的差别，如肤色、发色、脸部的形态等，不同的人种是不一样的，达尔文认为这不能用不同的生活环境条件来解释，也就是说，只用自然选择的一般规律还不能完全解释得通。他便用所谓“性选择”来补充，认为不同地区的男女审美标准不一样，通过性的选择（就是选择配偶）和遗传性，使男女性状分化逐渐明显，这就促使形成了不同的人种。

达尔文就是这样通过自然选择加上性选择，来解释人类的起源和人种的起源。

那么人类究竟是从哪里来的呢？达尔文搜集了大量的科学资料，证明人类和某些动物，特别是与猿猴类在体质结构上有相近的关系。胚胎发育也证明人起源于动物；人身上还有部分已经退化了的痕迹，叫遗痕器官，如动耳肌、第三眼睑、盲肠、尾椎骨等；还有返祖现象，如个别孩子出生的时候还留有尾巴，脸上长毛，以及个别妇女有双子宫等。达尔文根据这些事实指出，只有承认人是从动物进化来的，才能解释得通为什么人和动物有些相似的特点。

达尔文认为类人猿是哺乳动物中和人最相近的亲属，人和猿在根本上有许多相似的地方。因此，人和猿不可能是各自单独发展来的。他推测人类来自旧大陆的某种古猿，并且谨慎地指出，这种古猿不应该和现存的类人猿相混淆，因为现存的类人猿无疑已经沿着本身的发展道路“特化”

了，和人类的祖先古猿不一样了。达尔文根据1856年在法国发现的古猿化石（林猿·方顿种）认为，在中新世晚期已经有比较高等的猿类从低等猿类中分化出来，因此推测人类从狭鼻猴类分化出来的时间可能是距今约4000万～6000万年的所谓始新世。他还描绘了我们的直接祖先是一种古类人猿，最后得出结论："可能世界为人类的发生做了长久的准备，这是对的，因为人类起源于一连串的祖先，这一连串的祖先中只要失去其中的一环，就没有人类了。"

经过达尔文等人的不懈努力，人是从哪里来的问题基本上得到了科学的解释。人是动物长期发展的产物，现代人类和现代猿类有着共同的祖先，人猿同祖已经成为无可辩驳的定论。在大量的科学事实面前，在人类起源于动物的理论面前，上帝造人说站不住脚了。达尔文从理论上把人类从上帝手里解放出来了。虽然当时证明人类起源于古猿的古生物学和古人类学方面的直接材料还不多，达尔文却相信并且预言，将来会发现这些材料的。

对达尔文理论的质疑、补充和发展

100年过去了，达尔文的理论经受住了时间的考验。但现代科学的发展又指出了该理论的不足之处。我们在评价达尔文的理论时，首先应知道该理论体系建立之时，遗传学的研究尚未像今日这样深入，仅对染色体、基因有所认识，而对更细微的结构，如核糖核酸（RNA）、脱氧核糖核酸（DNA）还茫然不知，况且人类化石的发现尚少。直到近代，遗传学的研究才有了突飞猛进的发展，产生了现代达尔文主义（又称新达尔文主义）。还有，随着分子生物学的发展而产生了“中性突变学说”这一新的分子进化理论。这些新学说或是补充了达尔文理论的不足，或是对它提出了挑战。但不管怎么说，它们并非对达尔文理论的全面否定，而是更完整地、更接近本质地丰富和完善了地球生命科学的理论。

就拿新达尔文主义来说，它又被称为“综合进化论”，它是从群体遗传学的角度对达尔文进化理论作了补充。它是以群体为单位而不像达尔文以个体为单位，来研究遗传与变异问题的，它的基本论点是：生物是通过变异、选择与隔离三个相联的环节使物种产生分化，形成亚种，然后由亚种再发展为新种的过程。该理论认为，遗传的变异有“突变”（包括遗传因子——基因的突变和基因载体——染色体的畸变）和基因的不同组合两类。遗传物质的变化，引起了机体外表性状（所谓“表型”）的变化，这就为生物的进化提供了丰富的材料来源。

新达尔文主义的“选择”仍是指自然选择，它是进化的主导因素，它能导致群体的分化和发展，导致物种的分化和新种的形成。而新种的形成条件又是“隔离”——主要是空间性的地理隔离和遗传性的隔离两种。这就是阻止不同群体在自然条件下相互交配的机制，因此，就能保持不同群体各自独立地进化，可以造成表型的不一致，原来的种分歧发展，通过亚种又形成新种，从而使原来的一个群体分化。总之，新达尔文主义描绘的生物进化图像是生物表型上的进化图像，因而它发展了达尔文的进化论。但它未能在分子水平上阐述遗传机制，故仍然是不完美的。

随着分子生物学的建立与发展，这一不足为另一新说“中性突变论”所克服。该理论认为：生物在分子水平上的进化是基于基因不断产生“中性突变”的结果，它也是在群体中产生的，而不像新达尔文主义所主张的突变有好有坏那样，而这种“中性突变”既无好处也无坏处。它并不受自然选择的作用，而是通过群体内个体的随机交配以及突变基因随同一些基因型固定下来或消失不见（即被淘汰掉），这个过程叫作“遗传漂变”。由于它完全不受自然选择的作用，实际上就否定了自然选择，甚至还认为生物进化与环境无关，故此理论是“非达尔文主义”的。该学说对认识物种进化的贡献在于：揭示了基因突变在分子水平上进化的特殊性，这为达尔文主义和新达尔文主义所不及。但它最大的缺陷是解释不了“基因型”（也就是某种可能性）怎样变成“表型”（也就是现实性）以及物种形成的原因，因此，它在解释生物进化上仍是不足的。在目前的科学条件下，它可以看作达尔文进化论（包括新达尔文主义）的补充和发展。

除了上述在遗传学方面对达尔文理论进行补充与发展外，在物种形成方式的认识上也有所进展。不少学者认为，除了达尔文所强调的渐变式缓慢的连续过程外，还有“爆发式”的物种形成过程。

其实，无论遗传学的新进展也好，还是古生物学上的新发现也好，并不能因此而推翻达尔文进化论的基本论点。事实上，这些新进展和新发现也为达尔文本人当时所始料不及。科学是发展的，达尔文进化论也是发展的，我们应以历史发展的眼光来看待和评价达尔文的学说。

劳动创人论的提出

达尔文的生物进化论被恩格斯看作19世纪自然科学的三大发现之一，恩格斯将《物种起源》一书看作划时代的著作，认为不管这个理论在细节上还会有什么改变，但是总的来说，它现在已经把问题解答得令人再满意没有了。但同时他又指出，德国进化论者海克尔的进化论似乎比达尔文更高明些，他认为海克尔的适应和遗传，用不着自然选择和马尔萨斯主义，也能决定全部进化过程。实际上，不管生物学和遗传学发展水平高到什么程度，生物进化的基本法则确实是遗传与适应的交互作用的过程。同时恩格斯对达尔文的人类起源理论也并非完全认同，他认为达尔文进化论在某些方面还有严重的缺陷，认为达尔文学派的最富有唯物主义精神的自然科学家们还弄不清人类是怎样产生的，因为他们在唯心主义的影响下没有认识到劳动在中间所起的作用。恩格斯为什么这样评论呢？为了了解这一点，有必要先将恩格斯的理论简介如下：

是劳动而不是别的什么创造了人本身，要论证这点，首先要确认劳动是整个人类生活的第一个基本条件。

恩格斯进一步指出，劳动的作用不止于此，其作用甚至达到这样的程度，以至我们在某种意义上不得不说劳动创造了人本身。

“劳动创造了人本身”，我理解有双重含义，广义地讲，不仅指从古猿转变为人，还包括劳动对原始人类的进一步改造，乃至达到现代人的水平，这种“改造”亦属创造人本身的范畴。狭义地讲，则为劳动在从古猿到人的转变过程中的推动作用。

恩格斯详细描绘了这个转变过程：各种生物是由原生生物逐步分化产生的。人也是由分化产生的。人类双手的自由是由手和脚的分化达到的。恩格斯在《劳动在从猿到人转变过程中的作用》一文中指出：“经过多少万年之久的努力，手和脚的分化，直立行走，最后确定下来了。”恩格斯在此文中还指出：“如果说我们遍体长毛的祖先的直立行走，一定是首先成为惯例，而后来才渐渐成为必然，那么必须有这样的前提：手在这个时期已愈来愈多地从事于其他活动了。”这里的“多少万年之久的努力”“从事于其他活动”指的不是别的，主要是劳动。在劳动实践中不断获得新的技巧，双手越加灵巧，这些特点一代代地遗传下去，而且一代代地有所发展。所以恩格斯又进一步指出：“手不仅是劳动的器官，它还是劳动的产物。”

随着双手逐渐变得灵巧，双脚也发展得更加适应于直立行走。双手的自由和直立行走是同一过程的两个方面，互为条件、互相影响又互相制约。但是双手因劳动而自由是更重要的一个方面：手的专门化意味着工具的出现，而工具意味着人所特有的活动，意味着人对自然界进行改造的反作用，意味着生产。

此外，劳动的发展必然促使群体内部成员之间更多地互相帮助和共同协作，促使他们更紧密地结合起来，这就引起了用语言进行交往的迫切需要。为了表达思想、交流经验和一代代地传递所积累的经验，这些正在形成中的人，已经到了彼此间有些什么非说不可的地步了。需要产生了自己的器官。劳动引起了手和脚的分化，使得人直立起来，直立解放了肺部和喉头，古猿的发音器官逐渐得到改造，有可能发出一个个清晰的音节，这就产生了语言。语言是从劳动中并和劳动一起产生出来的。

语言是思想的工具。劳动和语言又给人类思维活动的物质基础——脑髓的发达以强有力的推动。所以恩格斯认为首先是劳动，然后是语言和劳动一起，成了两个最主要的推动力。在它们的影响下，猿的脑髓就逐渐地变成人的脑髓。脑髓发达的同时，视觉、听觉和触觉等感官也进一步发展起来。特别是由于在劳动过程中产生了语言，人们可以借助于词的抽象和概括来认识现实世界、反映现实世界。这样，随着手的发展，头脑也一步一步地发展起来，首先产生了对个别实际效益的条件的意识，而后来……则由此产生了对制约着这些效益的自然规律的理解。人类特有的意识活动就这样在劳动中产生了。

还应该特别指出：劳动、语言、意识的产生和发展，基础都离不开人类祖先的群体活动，也就是社会性的活动。在人类进化的过程中，群体关系上的社会性是实现劳动创造人本身的重要前提和保证。恩格斯进一步指出：作为一切动物中最社会化的动物的人，显然不可能从一种非社会化的最近的祖先发展而来。随着完全形成的人的出现而产生了新的因素——社会。这就是说，社会是随着人类的形成而同时形成的。随着社会的形成，恩格斯进一步提出人类社会区别于猿群的特征是劳动。恩格斯在阐明这一论点的时候，把人类与猿类及其他动物获得生活资料的方式作了对比。他指出，猿类和其他动物满足于把它们所在的地区里的食物吃光，它们都“滥用资源”。恩格斯还强调真正的劳动是从制造工具开始的。一般来说，人类的劳动都使用劳动工具，特别是人制造的工具，正像马克思在《资本论》第1卷里所指出的：“劳动资料的使用和创造，虽然就其萌芽状态来说已为某几种动物所固有，但是这毕竟是人类劳动过程独有的特征，所以富兰克林给人下的定义是‘a toolmaking animal’，制造工具的动物。”

人类制造工具就是一种有目的、有意识的活动，所以人类第一次制造工具，就是人类第一次真正的劳动。正是在这样的意义上说劳动是从制造工具开始的，人类社会区别于猿群的特征是劳动。

恩格斯在阐述人类社会区别于猿群的特征是劳动时，

不仅指出真正的劳动是从制造工具开始的，而且指出这个区别实际上体现了人和动物的本质区别。因为动物仅仅利用外部自然界，单纯地以自己的存在来使自然界改变；而人则通过他所作出的改变来使自然界为自己的目的服务，来支配自然界。这便是人同其他动物最后的本质区别，而造成这一区别的还是劳动。

就这样，恩格斯唯物辩证地阐述了因劳动而产生的人的分化过程。

劳动创人论与达尔文理论

恩格斯所描绘的因劳动而产生的人的分化——人类因劳动而产生的过程已如上所述。如果我们对照达尔文的理论，就会发现在主要论点上两者几乎是一致的。

恩格斯认为，人类的祖先在攀援时手从事与脚不同的活动，在转变期愈来愈多地从事其他活动，这是手的专门化过程，这意味着工具的出现，手不仅是劳动的器官，还是劳动的产物。

达尔文早在《人类起源和性的选择》一书中就提出："如果人的手和臂解放出来，脚更稳固地站立，这对人有利的话，那么有理由相信，人类的祖先愈来愈多地两足直立行走，对他们更有利。如果手和臂只是习惯地用来支持整个体重，或者特别适合于攀树，那么手和臂就不能变得足够完善以制造武器或有目的地投掷石块和矛。"他又指出：

“我以为我们可以部分地了解他怎样取得最显著特征之一的直立姿态，没有手的使用，人类是不能在世界上达到现今这样支配地位的，他的手是如此美妙地按照他的意志进行动作。”达尔文甚至还进一步认为：“臂和手的使用，部分是直立姿势的原因，部分是其结果，这似乎以一种间接的方式导致了构造上的其他改变。”

恩格斯在《劳动在从猿到人转变过程中的作用》一文中曾提到：“人类社会区别于猿群的特征又是什么呢？是劳动。”这里的劳动，按恩格斯的意见，是指真正的劳动，即是从制造工具开始的劳动。

达尔文在强调工具为人所特有的论点时，引用了阿盖尔公爵的一段话：“制造适合于某一特殊目的的工具绝对只有人才能做到。”他认为，“这在人类和兽类之间形成了难以计量的分歧”，并指出，“无疑这是一个很重要的区别”。

恩格斯认为猿脑转变为人脑的主要推动力来自语言和劳动。

达尔文也曾强调：“语言的连续使用和脑的发展之间的关系无疑更加重要得多。”

恩格斯认为，没有武器的人类祖先在发展过程中必须以群体联合力量和集体行动弥补其不足。强调最社会化的动物——人，不可能从一种非社会化的最近祖先发展而来。

达尔文也曾强调：“人类的力量小、速度慢、本身不具天然的武器等，可由下列几点得到平衡而有余……第二，他的社会性导致了他和同伴们相互帮助。”他列举了现代布须曼人（现在叫“桑人”）——生活在充满了世界其他地区所没有的危险动物的南非——和爱斯基摩人（现在叫“因纽特人”）——生活在条件极其严酷的北极，他们都能生存下来，就归功于他们的社会性。他还强调，“任何人都会承认人类是一种社会性动物”“人类的早期类猿祖先很可能同样也是社会性的”。达尔文还指出：“原始人甚至人类的似猿祖先大概都是过着社会生活的，关于严格社会性的动物自然选择不时通过保存有利于群体的变异而对个体发生作用。”

由上面的对照可见，达尔文并没有抹杀工具的发明和使用（实际上已意味着“劳动”）在从猿到人转变过程中的重要作用，包括人的手脚分化，手的自由使用以及语言和脑的发展的辩证关系。那为什么还是遭到了恩格斯的批评呢？

这是因为恩格斯考虑问题的角度和达尔文不一样。恩格斯在《劳动在从猿到人转变过程中的作用》一文中，首先从马克思主义政治经济学的角度批判了拉萨尔所提出的“劳动是一切财富的源泉”的论点，认为劳动只有和自然界一起才是一切财富的源泉。自然界为劳动提供材料，劳动将材料变为财富，由此引申到劳动是整个人类生活的第一基本条件，其作用甚至达到这样的程度，以至在某种意义上我们不得不说劳动创造了人本身。

虽然达尔文也谈到了工具的创造和使用在人类起源过程中的作用，但他更强调的是“心智”的作用。达尔文提及人类的力量小、速度慢、本身不具备天然武器等可用下列几点得到平衡而有余时，首先强调的是："第一，通过他的智力他为自己制造了武器、器具等，即使依然处于野蛮状态下，也能如此。"这里强调的首先是"智力"。谈到语言时，达尔文强调："甚至最不完善的语言被使用之前，人类某些早期祖先心理能力的发展一定比任何现今生存的猿类强得多，不过我们可以确信，这种能力的连续使用及其进步，反过来又会对心理本身发生作用。"达尔文又强调："人与动物在语言上最大的区别在于，人能将极其多的声音与观念联系在一起的能力几乎无限大。这显然取决于心理能力的高度发展。"这里的"智力""心理能力"，无不是"心智"的反映。

由此，我们看到了达尔文等强调的重点所在。正因为恩格斯是从政治经济学的角度来考虑问题，强调的是人类物质生产的重要性和生产劳动的首位作用，自然会认为达尔文强调心智而看不到劳动的作用。平心而论，说达尔文看不到劳动的作用似乎有点说不过去。达尔文在有关人类的著作中就曾引用过贝尔爵士的一段话："人手提供一切工具，手和智慧相一致使得人类成为全世界的主宰。"按字面而言，似乎人手作用在前，智慧随其后。人手提供一切工具，岂能不包括劳动工具在内？在我看来，这里劳动的作用不是首位的也是与智慧相并立的（相一致的），恩格斯的"劳动创人论"实际上是归纳了达尔文人类起源学说的要点，是在政治经济学上的再造，是政治经济学的人类起源观。相对之下，达尔文学说是生物学的人类起源观。两者出发点不一，而殊途同归。今天我们用新的视角来审视这一问题，应该看到他们理论的互补性，而不能将之对立起来。事实上，我们已经看到了人类生活的第一基本条件——劳动和人的智力的存在是互为前提的，两者的发展是互为因果的，如果只强调一方面的作用而抹杀另一方面的作用，那么，人类起源的过程将不复存在。

时光倒流一万年[①]

一 原始文化的进程

人类的文化（或文明）包括史前时期的原始文化（或文明）与历史时期的文化（或文明）。

史前文化即原始文化指的是石器时代文化，它占据了整个人类历史 99.75%的时间。石器时代的文化最初被划分为旧石器时代和新石器时代两期文化，前者以打制石器为主要工具，生活以采集和狩猎为主，与人类伴生的哺乳动物群为含有灭绝种的古老群；后者则以磨光石器为主要工具，伴以陶器的使用，生活以原始的农耕活动和部分驯化了的家畜结合着狩猎和采集为主，而与之伴生的哺乳动物群为现生种动物群，偶或有一两种灭绝种动物如某些犀牛、象等，一般讲来，新石器时代已有了原始农业和畜牧业的产生。

随着史前考古工作的深入，自 1875 年起，在法国一些

---

① 原载《崛起的文明——人类起源的文化透视》，东北林业大学出版社，1996 年版。

遗址中找到了晚于旧石器时代晚期的马格达林文化期而又不属于新石器时代典型器物的文化遗存。其中以1887年发现的阿齐尔遗址、1879年发现的塔登诺阿遗址和1886年发现的坎皮尼遗址最为著名。于是，考古学家艾伦·布朗在1892年首次提出了在旧石器时代与新石器时代之间存在一个“中石器时代”的看法，但这一看法在当时未能得到学术界的普遍承认。以后考古学家皮埃特对阿齐尔遗址进一步发掘和研究，成功地辨认出在马格达林文化与新石器文化之间另有两层文化，于1895年发表论文，论证了“中石器时代”的存在。以后又有麦卡利斯特于1921年发表《欧洲考古学》一书，格雷厄梅·克拉克于1932年发表《英国中石器时代》一书，他们都给予中石器时代文化以明确的定义，此后，欧洲的中石器时代文化才被学术界广泛接受。

在欧洲以外的地区，1928年考古学家加罗德发掘和研究了约旦和以色列的“吐纳夫文化”遗址，这是一个从狩猎向农耕过渡的很重要的遗址，它反映了一种与旧石器时代末期完全不同的生活方式。他们利用燧石来制作细小石器，当时已使用燧石石镰来收割野生大麦和小麦；骨镰柄部是以雕刻的动物形象作为装饰品，还有牙质的头饰和项链等装饰品。狩猎和捕鱼在当时依然是获取食物的主要方式。

在东南亚，早在20世纪20年代中期就有人对这一时期的文化遗址进行过探索。如法国考古学家科拉尼在越南北部进行考古发掘时，从不少洞穴遗址中获得了为她所命名的“和平文化”的大量的文化遗存，这也是中石器时代文化在亚洲最早的识别。

在我国，著名史前考古学家裴文中教授在 20 世纪 30 年代到广西考察时，在武鸣和桂林两地的洞穴中找到一些文化遗存，也被初步鉴定为“中石器时代”的文化遗物。近年来，又在华南地区开展了这方面的探索，其中最著名的遗址发掘和研究工作是围绕广西柳州白莲洞洞穴遗址进行的，这几年取得了突破性的进展，展示了从旧石器时代文化经中石器时代文化向新石器时代文化过渡的全过程，在学术上很有价值。

一个实例的剖析

白莲洞遗址位于广西柳州市西南 12 千米处的白面山山腰，白面山山顶距地面 152 米，白莲洞洞口离地面 27 米。洞口朝正南，高约 5.6 米，宽 18 米左右，洞分外厅与其后的长穴道两部分。外厅实际上是一个半隐蔽的岩厦式洞窟，内含大量的堆积物。著名的旧石器时代晚期的柳江人化石的出土点通天岩，与此地仅隔 2 千米。

早在 1956 年，裴文中教授率领的中科院华南考察队即在白莲洞洞内的地表上获得多件打制石器，和一件扁尖的骨锥与一件粗制的骨针。后经贾兰坡教授等鉴定，认为该遗址的年代属旧石器时代的晚期。不久，又在洞外的堆积物中找到一件磨光石斧，遂被裴文中教授认为应属于新石器时代。自1973年以来，该洞又经柳州市博物馆的清理，陆续有所发现。1981～1982年，北京自然博物馆和柳州博物馆组织联合发掘队，继续在此清理和发掘，获得了大量的动物化石残骸，其种类有30种之多，还有两颗人牙化石和包括500多件石制品在内的文化遗物。经研究证实，这是一个内涵十分丰富的石器时代洞穴遗址。1991～1993年，又在国家自然科学基金会的资助下，开展了为期三年的有关古生态环境与古文化的新一轮研究，经各方面专家的通力合作，再次确认这个洞穴遗址的堆积物层序清楚，连续而无间断，层内富集文化遗物和动物化石，是中国南方中石器时代文化遗址的典型代表。

此洞穴遗址的堆积物厚度达3米，堆积物的东侧部分可划分为8层，西侧部分可划分为10层，东侧部分的第7层与西侧部分的第3层底部至第4层顶部在洞穴中部相连接，形成一个巨厚的横贯全洞室的钙华板层。经详细分析研究，堆积物中包含5个文化层，各文化层（自上而下）发掘的重要文物见表1。

表1　各文化层的重要文物

层　序	文　物
第一文化层（东1、3层）	含原始陶片、通体磨光石器（包括“重石”）
第二文化层（东4层）	仍以粗犷的砾石工具为主，并出现原始磨刃石斧、磨制端部的骨角器

（续表）

层　　序	文　　物
第三文化层（东 6 层）	石器以砾石工具为主，并含穿孔砾石（“重石”）、赤铁矿粉
第四文化层（西 4 层）	出现众多细石器风貌的燧石小石器、箭镞和原始磨制品
第五文化层（西 5、7 层）	典型的旧石器器物，并出现不少燧石小石器、准箭头。人牙化石出现在此层

白莲洞遗址层位连续且无间断，考察中共测得堆积层的 25 个绝对年代数据，几乎每一重要层位都有具体年代数据，这是迄今为止国内如此详测年代的一个遗址，研究确认时间跨度达 3 万年（东 1 层距今 7080±125 年～西 10 层距今 37000±2000 年）。五个文化层的年代分别为：第一文化层为距今 7080±125 年～11160±500 年；第二文化层距今 13550±590 年；第三文化层距今 14650±270 年；第四文化层距今 19910±180 年～26680±625 年；第五文化层距今 26000～30000 年。由此，原始人在白莲洞陆陆续续生活了 2 万多年。

对这五个文化层我进行了详细的研究和归纳，结合生态环境的变化趋势，可以明显地看出代表石器时代连续的三个文化阶段，即白莲洞Ⅲ期文化（第一文化层），代表新石器时代早、中期文化；白莲洞Ⅱ期文化（第二、第三文化层），代表由旧石器时代晚期向新石器时代早期过渡的文化，即中石器时代文化；白莲洞Ⅰ期文化（第四、第五文化层），为旧石器时代的晚期文化。

作为旧石器时代晚期文化的白莲洞I期文化距今 1.8 万～3 万年，由于最后一期冰期的降临，当时气温呈下降趋势。但在前期，大约距今 2.6 万～2.8 万年间尚有一个间冰段。过了这个间冰段之后，遂进入盛冰期（距今 1.5 万～2.3 万年间），此时气候要较今日干冷得多。故植被方面由暖温带落叶阔叶林转向温带山地针阔叶混交林的生态景观，而山区为寒温或温性针叶林。此时的哺乳动物群为大熊猫-剑齿象动物群，当盛冰期来临时，该动物群中的喜暖动物逐渐向南迁徙而去。

处于白莲洞I期文化时期的白莲洞人经济生活主要以采集和渔猎为主，狩猎对象中含有大熊猫-剑齿象动物群中的大型种类，如象、犀牛等。白莲洞内堆积物中螺壳出现最早层位为西 4 层的下部，该层底部钙华板距今年代为 26680±625 年，也就是说在距今 2.6 万年前左右原始人就已开始捕捞螺类食用。以后随时间的推移，螺壳含量渐渐增多，表明此时原始人不仅捕猎、打鱼，而且普遍捞取螺蚌为食。

此时期的工具多以砾石为主要原料，工具组合中以砍砸器和刮削器为主，还出现众多用黑色燧石制作的小石器，这反映了旧石器时代晚期工具小型化的进步趋向。燧石小石器中出现箭镞，带有深凹刃口可供刮削箭杆的“辐刀”型刮削器为数不少，它们的出现表明狩猎活动很活跃，适于砸碎骨块的敲砸器也产生了，相应的堆积物中的动物肢骨多为碎块。在白莲洞Ⅰ期文化的层位中还出现两个灶坑的残迹，灶炕中有烧过的小型动物的骨块和烧过的石头，灰烬呈灰白色，厚度不大，这表明是用来烧烤食物的。白莲洞Ⅰ期文化反映了旧石器时代晚期文化的面貌，类似的文化遗址在华南地区发现了不少。

白莲洞Ⅱ期文化是一个过渡性质的文化，是华南地区中石器时代文化的典型代表。

我国在一个很长时期内，罕见中石器时代文化遗存，仅有 1935 年裴文中教授等在广西调查时，对桂林和武鸣两地山洞中的文化遗存是否是中石器时代的遗存提出过怀疑。近 20 多年来，随着考古发掘工作的迅速开展，考古界发表了一批有关中石器时代文化遗存的新资料，不过大多在北方和中原地区，如内蒙古的海拉尔、青海省贵南拉乙亥遗址、陕西省大荔县沙苑以及河南省许昌灵井遗址等，至于南方地区究竟有没有中石器时代遗存，仍然是个问号。柳州白莲洞Ⅱ期文化的发现，对解决这个问题提供了确凿的实物证据。

白莲洞Ⅰ期文化的时间跨度在距今 1.2 万～1.8 万年，不过也有人认为其起始时间还要早，如原思训先生认为可能在距今 2 万年时开始。此期间正当由主冰期逐渐转向距今 1.4 万年起的温暖期。然而其中距今 1.5 万～1.8 万年尚属盛冰期。在此期间，干冷的气候形成了横贯全洞室的巨厚钙华板。大熊猫-剑齿象动物群已为现代哺乳动物群逐渐代替，某些喜暖的大型种类如犀牛、剑齿象和猩猩等在本地区已绝迹。气温随冰川的消逝开始回升，植被中的喜冷性种类减少，逐步转化为亚热带落叶阔叶林。

在这种气候波动、生态环境变化的背景之中，白莲洞人的经济生活尽管仍以狩猎和采集为主，但在具体内容上已有所变化，而且变化的力度较大，反映在新类型工具的出现和工具组合上的变化——当然透过工具又反映出经济活动的多样化。在白莲洞的第二文化层中出现刃部已磨制的石斧，它比以后通体磨光的石斧原始得多。磨制技术应用于砍伐工具上，无疑是工具进化史上的大事。在磨制技术发展史上，属于第四文化层中，西4层出现的磨制的切割器可能带有偶然性，它还仅仅是利用小砾石磨削掉一部分，磨削面与砾石岩面形成了刃状。而在第二文化层中的磨刃制品，则是有意识地为获取锐缘而刻意磨削锐缘的一侧，这种为刃而磨显然相对于前期的偶然因磨而获刃在观念上是一个突破，也显示出它是为一定的劳作所需而产生的新的工艺思想，很可能磨刃的石斧和石锛的出现与砍伐和加工竹、木有关。与磨刃制品一起，在大型的砾石工具中还出现了各种类型的砍砸器，它们与磨刃石斧一起，更可能是用作砍树的工具。现代民族志资料表明，砍伐树木是为了开辟耕地，它与原始农耕活动——火耕有关。砍树、烧山，再加上用尖木棒（有时还套上“重石”）点播，这是现代某些少数民族依然采用的原始耕作法。

石器组合中有辐刀型的凹刃刮削器，它不仅可用来刮削箭杆，还可用来刮削木质或竹质的尖头挖土棒。特别有意思的是与这些砍伐工具一起还出土了两件原始型的“穿孔砾石”(又称为“穿孔圆石”或“重石”)。这种原始型的重石加工方法粗糙，以凿孔为主，我认为应是南方中石器时代文化遗存的标志。

穿孔砾石器有大有小，并因大小不同而有多种用途：小型可作网坠或狼牙棒棒头；大型可作某种仪典活动的道具；大小适中的穿孔砾石则作“重石”(或称“加重石”)，用来增加挖土棒（或尖木棒）的重量以利于挖取植物块根和刨穴点种。这些情景，不仅在非洲布须曼人的史前壁画中得到生动的反映，而且前不久布须曼人依然在使用加重石的挖土棒作为播种工具。重石的出现，是对尖木棒功能的重要改进，使之成为一种新型的组合工具，便于在采集和火耕中增加力量。直到现在，在某些地区的点播农具上还有变形的加重石的痕迹。穿孔砾石的出现和发展与磨刃技术的出现一样，是工具史上的重要事件，它不仅标志着石器制作工艺的新发展，也反映了木制与竹制工具达到了一个新的水平。重石的出现与制作水平的不断提高和广泛使用，展示了原始经济由采集活动向原始农耕进步的重要飞跃。这个飞跃恰恰出现在最后冰期（玉木冰期）干冷峰值最高期消退后，气候逐渐回升，生存环境逐步改观之际。值得注意的另一件事是，在桂林地区的庙岩遗址中发现了距今 1.5 万年前的陶片，这一重大发现打破了传统的观念——以为陶片一定是新石器时代已确立的标志，甚至有“无陶新石器时代”的存在，表明陶片的出现不能早于新石器时代的观念。现在的局面却是，陶器出现在新石器时代到来之前。

原始陶器的研究提示最早陶器是作为饮器与食具的，陶器的出现仅仅与家居生活相关联，只有相对稳定的居住条件，也就是定居条件，才利于使用易破碎的器皿。陶器是怎样被发明的仍是一个科学之谜，最初的陶器可能是用泥敷在编织的箩筐或木制的容器上，甚至敷在葫芦上，由于偶然的机会，被火烧掉依附物而留下硬结的泥质外壳，这样就出现了最早且十分粗糙的陶器（土器）。由此推想，很可能当初的原始人为了煮些什么，用泥糊在简陋的编织物上既防止漏水，又能耐高温，所以陶器很可能是作为生活用具而出现的。最初的陶器因烧制温度低，故硬度小，以后随着制陶术工艺水平的提高，特别是陶窑的发明，烧制温度高，陶质硬度增大，才从生活器皿发展到陶质生产工具，如陶纺轮、陶弹丸和陶锉等。依我推测，在华南最初最需要煮的可能不仅是野生稻米、植物种子和块根，而更应是螺、蚌之类腥味很大，难以生吃的水生动物，而且紧闭的蚌壳及深藏在螺壳中的肉食部分很容易经水煮而取出。因煮食螺蚌而产生陶器初听起来似乎有点荒诞，而事实上恰恰在华南、在广西桂林还有江西和湖南的相应遗址中的早期螺壳文化层里找到了距今 1.5 万年以上的陶片，这可能不是偶然的，是值得深入研究的。

由于大量地吃食螺蚌之类食物，在粗犷的砾石工具中出现了一种像是专门用来砸螺壳的工具，即修有把手以便于抓握的敲砸器，敲砸端呈尖状或锐脊状。

虽然白莲洞遗址中大量的堆积物早已被当地农民挖去作为肥料，以致在残留的堆积物中未能找到早期陶片。但在同一时期的庙岩等遗址里已找到了早期陶片，说明陶器的产生应在这一阶段。早期陶片的出现，更说明了这些文化层所表现出的过渡特点。

除磨刃石器和重石外，在白莲洞遗址这一阶段的层位中还出土了很多细小类型的燧石器物，包括弓箭上使用的箭头——石镞。这表明了在原始农耕活动萌芽初期，狩猎活动仍是很发达的，这就为原始的家畜驯养活动奠定了基础。遗憾的是，现在我们还无法精确地确定此时白莲洞人究竟开始驯养了什么动物，或栽种了什么作物，根据已有的考古资料来推测，很可能最早驯养的动物是狗和猪……最早栽培的作物可能是瓜类、豆类以及块根类植物等。总之它们是在过渡时期极其广泛的食物种类（所谓广谱性食物）背景上产生和发展起来的，这是毫无疑问的。

生产活动上的这种过渡特点也反映到原始人类社会生活的诸方面，这些方面是令人难以捉摸的。在东 6 层中曾出土了一件用于碾碎和研磨赤铁矿的圆形砾石，表明这个时期已在应用赤铁矿粉了。究竟用在哪些方面呢？没有直接证据。据考古发现，红色的赤铁矿粉常出现在埋葬活动中，在广西南宁地区贝丘遗址、桂林甑皮岩遗址、广东潮安陈村遗址，乃至北京周口店山顶洞遗址等的人骨边或人骨上均有赤铁矿粉痕迹。我国岩画专家陈兆复曾到世界各地考察史前岩画，据考察发现，史前时期红色的使用往往与丧葬礼仪有关，在泰国北碧府村一带中石器时代遗址的尸骨上撒有赤铁矿粉，而且用红色颜料描绘花纹的随葬陶器也与丧葬有关。周口店山顶洞人的陪葬品上亦染有红色——装饰品中钻孔的小砾石上，其孔壁残存有红的颜色，有孔的石珠上均有染成红色的痕迹，还有一件扁圆形小砾石上有三条淡红色的粗道，近似于欧洲中石器时代遗址中的彩绘砾石。在河北兴隆还曾发现一件染成红色的纹饰鹿角，其年代为距今13065±270年，这件艺术品可能也是陪葬物。在甑皮岩遗址中埋有不少尸骨，其中也曾发现三件类似于白莲洞东6层出土的带有红色赤铁矿粉遗迹的圆砾石。红色赤铁矿粉亦可用来描绘岩画。民族志还曾记载了塔斯马尼亚妇女用石器刮取赤铁矿粉，然后用油脂调和，可用来涂擦头发。凡此种种，我们不难推测白莲洞人利用赤铁矿粉可能有多种用途。另外一件值得注意的事是，在这一阶段，细小燧石工具中有不少小尖状器，它们可当作文身工具。这种对人体进行人为损伤留下疤痕图案或致使身体局部变形为美感，或某种宗教含义的举动，或作为部族的识别标志，可能是处于这一过渡时期的文化内容之一。

由此，白莲洞第二、第三文化层归于过渡期（或中石器时代）是有着特殊的经济形态与丰富的文化内涵的，这个过渡性质的中介阶段是新石器时代文化的摇篮期。据此，在华南地区凡与它相类似的其他文化遗址，都可以归属到中石器时代文化遗址之列。

白莲洞Ⅲ期文化代表新石器时代早、中期文化，新石器是相对旧石器而言，就是说石器的制作技术已不仅仅限于以石击石的方法，还有磨制石器。虽说磨制技术早在旧石器时代中、晚期就已出现，但用磨制方法加工石器工具，特别是通体磨光石器，还是新石器时代文化的主要特点，同时还普遍出现了原始制陶术。

白莲洞Ⅲ期文化的时间跨度在距今 1.2 万～0.7 万年。在这时期随着全球性气温回升，海平面升高，大气环流改变，驱使夏季季风明显加强。在盛冰期曾生长的喜温湿性针叶阔叶林分布区缩小，而对冷温环境适应性强的杉林在柳州、桂林地区消失，以常绿乔木树种为主的常绿阔叶林再次占据了低纬度和低海拔的柳州盆地。由于气温变得温暖湿润，蕨类植物繁盛，丰富的水域里软体动物大量繁殖，为原始人提供了丰富的食物。

在白莲洞堆积物的孢粉研究中还发现，在距今 0.8 万年左右时，白莲洞附近的常绿林减少，孢粉组合中出现了较多禾本科和蒿科的花粉粒。孢粉学家孔昭宸和杜乃秋指出，这可能是受当时古人类活动影响加剧所致，提出存在原始农耕活动活跃的可能性。白莲洞Ⅲ期文化展现了原始文化的另一种风采。

在白莲洞Ⅱ期文化的石器组合中，通体磨制的石制品以其制作精美令人惊叹。有件双刃锛形切割器器身磨得十分薄，两端均有单面磨削的刃口，刃缘锋利犹如剃刀一般，器身两侧有相对磨切痕迹，颇为精细。还有骨针、骨锥等磨制骨角器，此外薄形穿孔砾石装饰品可作垂饰。

相当于白莲洞Ⅲ期文化的遗址还有离白莲洞不远处的大龙潭鲤鱼嘴岩厦贝丘遗址、桂林甑皮岩遗址和江西万年仙人洞等。它们的上文化层提供了更多品种的骨制品，包括带倒齿的鱼叉、骨镞、作束发装饰用的骨笄，还有蚌制品以及作为原始农具的石制品如磨石、石杵、磨光石斧和石锛等。它们已能配套操作，由此，推测最早的农作形式——火耕（“刀耕火种”）可能已普遍施行。此外陶器已普遍使用，甑皮岩遗址中还出现最早家猪的骨骸。

学术界一般所认为的新石器时代文化的四个要素（磨光石器、陶器、原始农耕和原始的家畜驯养）在这些遗址里均已基本具备，表明人类进入了一个崭新的时代，即人类的经济形态已由攫取性经济转化为生产性经济了。由采集性的攫取自然界现成资源，发展到人工种植和饲养动物，自然界的秩序被打乱了，人与自然的“和谐关系”已遭到了冲击，人在自然界中所处的地位有了转移，人所扮演的角色在逆转——人不再是顺从者，而是作为自然界的一个异己的力量出现了，他想成为支配者！

白莲洞石器时代文化遗址的发现与研究，特别是白莲洞文化框架的识别和建立，其重要意义就在于证实了我国南方中石器时代文化的真实存在，并为探索南方旧石器时代文化如何通过中石器时代文化向新石器时代文化的转变，提供了十分珍贵的实证材料。

十 澳大利亚土著生活的启示

原始人发展到中石器时代可算是进入了一个承上启下的阶段，这个阶段之所以十分重要，是因为人类历史进程中的重大变革发生在这一阶段；自然界中人这一角色的位置发生转换也在这一阶段。我们有什么方法可以比较详细而又比较切合实际地获知这一过程，至少能了解他们的生活面貌？

一个是通过考古学的方法，正如通过白莲洞遗址所揭示的那样，然而这已是一种“化石状态”了，无论获得多么丰富的文化遗存，毕竟已失去了鲜活的状态，不过是过去时光的凝固，它只能默默地诉说着，而且是断断续续、零零碎碎地诉说着，让我们凭着高度的想象力，甚至浪漫的情怀去科学地构建远古的图景。

另一个是民族志的方法，借助于对现时尚处于相当这段历史时期的少数民族的考察所获得的资料（所谓“社会活化石”），并透过它的折光，获得相应的信息。当然他们在这个历史的旅途上跋涉已久，他们现时的生活并不完全相当于当时的原貌，显然已有了进一步的发展，甚至还遭到近代文明的“侵蚀”而有所变形，但毕竟使我们窥视到历史的一隅。保持着原始古老生活方式的这样的部落和民族存世的已不多，在今日甚至已是绝无仅有的了。由于他们与现代文明的接触，旧有的生活方式已处急骤的消逝之中，甚至我们有时已接触不到不久前尚存在的一些原住民（土著），只能从前辈学者的历史记录中去追寻我们所需的资料。在民族志中，曾保持原始狩猎和采集生活方式的、非常著名的民族有生活在非洲卡拉哈里沙漠中的布须曼人、澳大利亚原住民和已被殖民者毁灭了的塔斯马尼亚原住民。后者的最后一位妇女名叫特鲁加尼娜，随着 1876 年她的去世，这一民族就在世上消失了。

现在让我们透过苏联民族学家对澳大利亚原住民经济生活考察时所获得的资料，将时光倒流一万年，去探索处于中石器时代我们的祖先，例如白莲洞Ⅱ期文化主人们的生活状况。须知道，在相当于此时期的柳州大龙潭人身上，反映了不少与澳大利亚-尼革罗人种相似的体质特征，如果不排除南来因素的渗入，澳大利亚原住民的原始经济生活的某些方面，也许就是华南中石器时代先民们的生活写照。

澳大利亚的土著在人种分类上属棕色人种，“发现”他们时，他们的经济形态尚处在农业产生的前夕，相当于中石器时代早期，甚至更早阶段。他们过着纯粹的“狩猎-采集”生活，以狩猎小型动物与采集野生植物为生，在少数湖塘沿岸和海滨地区的土著们则以捕鱼为生。他们不能算作存心贮食的人，因为他们仍处在“搜寻食物”阶段。早期的研究者已指出，这些土著居民在吃午餐之前尚不知他们将以什么为食。

澳大利亚大陆上的动物种类有限，数量也不多，所以土著们在肉食方面选择余地不大，他们将一切能到手的动物都作为食物，然而他们的狩猎本领极其完美，以至达到了惊人的地步。狩猎虽然是他们主要的谋生手段，却不是他们的苦役，而是一种娱乐、一种特别心爱的活动。他们在狩猎时专心得会忘却世上其他一切事情，因此他们从孩提时起，一方面在成年人指导下学习狩猎本领；另一方面还在游戏中模仿大人的各种狩猎办法，学会辨认兽迹，了解猎物的习性，养成使用武器的习惯，长大后就成了灵巧熟练的猎人。在这一点上，与动物学家所观察到的——肉食动物的捕猎行为本身是一种目的，也是一种消遣，教育幼崽以及幼崽学习捕猎颇为相近！

澳大利亚土著在捕猎大型动物时，往往采用各种办法以达到目的。他们捕获袋鼠采用长时间追踪，从早紧盯不放，追逐到晚，夜间他们在火堆边休息和睡觉，黎明即起，继续跟踪追逐，直到袋鼠被追逐得精疲力竭，他们再用长矛将之打倒在地。这种狩猎方法要求猎人具有很强的耐力、毅力以及顽强的精神。有些学者认为，这种狩猎法早在直立人时期就已采用，一直流传到现在。

他们还采用集体围捕的方法，将人员分成两组：一组追逐猎物；一组埋伏在掩体后面，以突然袭击的方式捕猎被追赶的动物。有时也采用挖陷阱和围栅栏的方法，但这种消极方法不及那种积极追逐的方法使用得多。他们有时根据猎物的习性，长途跋涉远出狩猎，甚至历时几个星期始归。为了捕捉树上的动物（如袋貂）和获取鸟蛋及蜂蜜，他们练就了一套独特的爬树本领，为其他民族所不及。对于土穴中的动物，如有袋类的啮齿动物、袋狸、鼠类、龟、蜥蜴和蛇，不仅男人，连女人和少年也颇为热心地捕捉它们，一般用挖土棒搜寻和发掘它们，不过这类活动属采集范围的事。

对于飞禽，特别是水鸟，他们除了用“飞去来器”这种特殊猎具外，还采用套环来套取它们。对付猛禽更显示出他们的机灵和勇敢。他们手拿鱼肉，一动也不动地躺在日光照射的光秃秃的岩石面上，待猛禽扑下来取食时，猎人会猛然抓住它的腿，然后将之捕杀。捕鱼不仅采用空手捉鱼，还用鱼栅拦鱼、提篮罩鱼、鱼叉叉鱼以及用树枝、草束和芦苇编织渔网来捕鱼。钓鱼也很普遍，鱼钩多用骨头和贝壳来制作，鱼钩带有倒刺，鱼叉的尖端带有倒齿。他们有时在夜间用火炬照明来叉鱼，甚至有时撒放带有麻醉性植物的叶子来麻醉鱼，然后将之捕捉。在沿海地区会乘船去捕捉儒艮、海龟和鲑鱼。澳大利亚土著捕猎的目的纯粹是为了获得肉食。

只在少数情况下才利用狼犬来帮助狩猎。他们捕捉小的狼犬加以驯化，有时妇女会用自己的乳汁去喂养狼犬，这种半驯化的动物常用来寻找兽迹，有时也用来追逐猎物，常是追逐袋鼠。不过澳大利亚土著很少带狼犬去狩猎，因为他们更相信和依赖自己灵巧的狩猎本领。

采集，特别是植物性食物的采集，在澳大利亚土著经济生活中起着更大的作用，甚至在有些地区成为主要的生计活动，这是因为狩猎不能预先保证获得成功，妇女们所采集的植物性食物就成为他们生活上较稳定的基础，尤其在动物资源少的地区更是如此。在原始时代后期，人口的增加，对食物的需求量加大，这点就显得更为重要。植物不仅用作食物，还可作为医药，甚至为某种技术所需，如有毒植物被用来麻醉捕鱼等。对澳大利亚土著来说，任何植物的任何部分均可当作食物，如浆果、硬壳果、谷粒、草籽、细根、块根、块茎、茎、嫩枝叶、幼芽、种实、花和软质树心等。其中块茎和根果占主要地位，往往被当作主粮，故有些学者称澳大利亚土著为“野生根果的挖掘者”。

除各种植物性食物外，许多小动物（如蜥蜴、老鼠、蛙、虾、蜗牛、螺、蚌、昆虫）、野蜜蜂及鸟类和爬行类的蛋等都是采集的对象。事实上，澳大利亚土著不会放过任何一种能作为食物的东西。

主要的采集工具是用结实的树枝削尖头部做成的掘土棒。采集主要为妇女的劳作，因为只有妇女的耐心和持久不懈的努力才能胜任这种简单而又枯燥，甚至有时单调得令人疲乏的劳动。例如：为了挖一支 0.3 米长的川萆块根，必须挖开直径约 1 米、深达 0.5 米的大坑，先用掘土棒将块根周围的土挖松，再用手将松土一把一把地掏去，这确实是一件十分单调而又令人厌倦的工作。在采集种子、草莓和硬壳果之类食物时无须工具，用手采集就是了，唯一的工具是用来盛东西的小木槽。

澳大利亚土著从不生吃狩猎来的肉食和鱼，但加工方法比较简单，很少煮食，主要是放在烧热的石头上、沙和灰烬中烤熟。采集来的食物有时生吃，但多半还是在火上调制的，如小动物、蛋和虫子多埋在灰烬中烤熟。许多植物性食物无须调制即可生食，但与需要加工的食物相比只占次要的地位。块根多放在灰烬中煨熟，而禾谷和草籽的加工要复杂些，需要打谷脱粒、碾碎、加水揉成面团，再放在火上烤成面饼。这些方法几乎与农业民族所采用的步骤完全相同，只是制作程序分得不很清楚，将有些程序合并在一起进行。块根和根茎的加工和谷物加工程序差不多，但要稍复杂一些，时间也花费得多些，特别是那些带苦味的，甚至有毒的块根，必须先用水浸泡很久，并反复烤几次才能食用。

实际上，澳大利亚土著在采集和加工植物性食物的许多方面，已跟原始农业很接近。除了没有耕种土地、播种和栽培外，农业操作的其他阶段，如收割、挖掘、打谷、簸谷、浸揉并搓成面团再烤成面饼，他们已很熟练，只要学会耕地和栽种，他们就会成为真正的农人了。如果从经济形态的阶段来看，他们确实处在生产性经济——原始农耕的前夕，然而他们比纯粹的攫取性经济又向前迈进了一步，甚至已有某些农耕的萌芽迹象。澳大利亚西部某些地区的妇女，把川蓖的块根挖回来后，为了保证以后再次收获，他们将切下的块茎茎头又回插到地里去。当然还有一些打算种植其他所需植物的例子。不少学者将澳大利亚土著的经济与文化定位在中石器时代，我看是没有什么问题的。现在已不复存在的原塔斯马尼亚文化，还要比澳大利亚土著显得原始，这里就不多作介绍了。

根据上面的介绍，我们可以看到处于这一发展阶段，人与自然的关系基本上是协调的，大自然为人类的生存提供了广泛的生活资料，即所谓的广谱性的生活资料。不同的生态环境提供不同种类和不同数量的生活资料，在人口压力不大的情况下能满足人们的需求，在这时人是尊重自然界的，仅是多种形式合理地利用它，还没有发生滥用资源的现象。在这种原始的“狩猎-采集”生活中，男女分工也很明确，狩猎是成年男性的主业，而且男人们没有将之视作苦役，而是视之为一种“娱乐性”的活动，男人们乐意去做，甚至充满活力的男性会长途跋涉去狩猎动物。采集，特别是植物性食物的采集，是女性的主要技艺。女性特有的耐心和坚忍不拔的精神使她们承担了这种单调、疲劳的工种。由于采集是生活资料相对稳定的来源，人们，特别是细心的妇女，给予它的关注也就更多。这对走向原始种植和家畜驯化关系重大，很可能原始农业就是在采集工作中占首要地位的妇女手中产生的。时至今日，妇女在为家庭乃至整个国家提供食物保证方面仍然发挥着决定性的作用。这一点是 1996 年 11 月在罗马召开的“世界粮食首脑会议”上，发布的一份题为“妇女喂养着世界”的公告中指出的。在原始时代，特别在中石器时代更可看出妇女在喂养整个人类方面的重要性和决定性作用了。

值得注意的是，根据对澳大利亚土著的考察，作为种植的植物往往是当地常见的，也是普遍食用的种类。如澳大利亚库彼尔斯克里克河两岸生长着类似黍子的一种草，有的地区生长此草的面积可达4平方千米以上，而在其他国家它已是一种栽培谷物，但在此地仍为野生谷物。将它转化为栽培作物是不难的，其实只要澳大利亚土著学会了对它进行栽培，这个地区的澳大利亚土著也就进入原始农业阶段了。

澳大利亚土著的这种经济形态为我们提供了史前时期中石器时代，相当于白莲洞Ⅱ期文化的绝好的例证。

人类演化三轨道与“中石器革命”

原始人类的演化发展遵循着三个轨道在运行：

一个轨道是人本身——体质形态的演化发展。它由前人类（南猿群中的早期类型）进化为真人类（南猿群中的进步类型——人属的最初代表）；然后通过直立人群发展为化石智人群；最后通过中石器时代与新石器时代先民——他们是现代人的直接先辈，到达现代人阶段，其实化石智人群的后期代表已接近原始人阶段的结束。人类本身的这一演化历程，在某种意义上说是生物进化的历程，其机制十分复杂，既遵循生物进化的法则，更涉及深层遗传物质的复杂机制，这不能用任何社会的、政治的、经济的口号一言概括。

另一个轨道是生产技艺的演化发展，这是石器时代生产工艺的演化历程。它表现在石器制作技艺上（有些学者所称的“石器工业”上）经历了旧石器时代（可分早、中和晚三期）、中石器时代（亦可分期，如白莲洞Ⅱ期文化还可分早、晚两期）和新石器时代（至少可分早、中和晚三期）。在由中石器时代向新石器时代演化过程中，在一些研究比较深入的地区，某阶段的划分要细致得多，以西亚的耶哥利文化为例，从事该文化研究的专家们作如下的划分：

由距今1.1万年前的中石器时代（纳吐夫文化）发展为“原始新石器时代”，原始新石器时代为由游猎向定居过渡的阶段，此时原始农业是否产生，尚不得而知。再由它发展为“前陶新石器时代”，有时也称为“无陶新石器时代”，它可再分为两段，距今1万年前的A段，以出现原始农业，石器中出现石镰、石镞、石锥、石凿和石锛为特色；距今0.9万年前的B段，此时石器中出现长而薄的石刀和大型的磨石、石锤、石杵和碾石等，特别是已有城市的雏形出现。再进一步发展为“有陶新石器时代”，顾名思义，此时已普遍使用陶器，本期亦可分为A、B两段，但具体资料较少。由此可见，耶哥利文化展现了不同于东南亚的白莲洞文化与和平文化的另一种文化面貌，欧洲又将是另一种特点。而这一切都是在各自特定的生态环境中发展起来的石器时代某一阶段生产工艺上的不同面貌。

第三个轨道是文化发展的历程。虽然生产技艺也是文化的一种表现形式，但文化还不止于此，它拥有更广泛、更深邃的内涵，它是人与生产技艺结合而产生的众多要素的综合体，包括物质和精神两个方面。其实生产技艺本身就是一种物质文化，然而更重要的是精神文化，它是借助于除生产工具之外的另一种“工具”——符号而发展起来的有形或无形的精神财富，它特别积淀在人的大脑，也就是思维与智能活动的物质基础之中，它使人拥有了巨大的潜能，人类的演化成为了生物进化与人类文化交互作用的产物。

数百万年来人类的祖先和先辈们所创造的一切财富——思想、知识、经验等，所有这一切变成了信息都集中存蓄到大脑中来，一代代向下流传，人的心智由此越来越强，通俗地说就是人变得越来越聪明。随着人类文化的发展，也就是人类文明的昌盛，不只有艺术，还有科学技术，再加上人类所特有的丰富的想象力。人发明了所能发明的一切，也创造了所能创造的一切。人的智慧已不仅是天赋的天然智能，还添加了人工智能……美国哈佛大学的张光直教授在北京大学的一次讲学活动中指出，过去我们对旧石器时代人类祖先的文化水平太低估了。确实如此，实际上我们对中石器时代的认识更肤浅，当我们越了解由中石器时代文化向新石器时代文化演化历程的具体内容时，就越发感到人类很早就拥有非常丰富的文化内涵了。虽然通过史前考古所能获得的有形东西太少、太零碎、太单调，很不起眼，但蕴藏在人类大脑中、深深根植于大脑之中人的智慧却具有巨大的能量。这一点已经和正在被深刻地认识到——只要人正常地生活着，大脑中的智慧就会迸发出耀眼的光芒。有一句至理名言——人手是人类智慧的刀刃。毫无疑问，人手促进了人脑的进化和发展，进化了的大脑又指挥着人手的行动。这个世界只能由行动而不是由冥想来把握。行动不是盲目的举动，而是在智慧把握之下的实践。原始人类发展的三条轨道只在一个交汇点上才迸发出人类历史大转折的光辉，这就是由旧石器时代晚期文化向新石器时代文化的转化。它的根基是由攫取性经济形态向生产性经济形态过渡，这是一次非常重要的质的飞跃。这就是“中石器革命”，学者们喜欢用“新石器革命”来描述这段历史进程。在我看来，与其说是“新石器革命”，不如说是“中石器革命”来得更妥帖和更真实。

后 记

周国兴

我从事科普创作始于1971年，虽说早在大学时代就为上海的中学生物教师作过有关人类起源的科普讲演，毕业后到中国科学院工作，接受领导分配的任务，写点科普性质的小东西，例如给《北京晚报》《每日一答》栏目写过《现代的猿为什么变不成人》等，但这些我都没当回事。只是到了1971年，我赴浙江杭州参加筹办“劳动创造人”展，情况才大变。这个展览的主题是人类起源，但涉及生命起源与生物进化的方方面面，那时我的主要任务是撰写大纲、细纲、版面说明文字，乃至讲解词的文字稿。此外，我还得参与版面形式的设计和展品的配置。一个人忙得不亦乐乎，最后总算拳打脚踢地应付下来。在这半年多的时间里，科普成了我的“正业”，做了一次“名正言顺”的科学知识普及工作。事实上展览本身就是件大型的科普作品，我参加了整个创作过程。展览开幕后，作为示范，我又亲自作讲解，不仅动了手，而且动了口。正因为从一开始我并不仅仅将科普创作看作“业余爱好”，而是作为自己专业工作的一部分，因此我是以明确的目的性开始我的科普创作生涯的。

由浙江回到北京后，根据“劳动创造人”展览的内容，编写并出版了我的第一部科普作品——《人类起源的故事》，同时，根据讲解时了解到的观众进一步所想要知道的内容，还编著了《人怎样认识自己的起源》一书。

继1971年浙江展览后，1973年我赴云南元谋盆地进行野外考察，并参加元谋人化石地点的发掘。1974年底至1975年初，我以“专业向导”的身份，陪同两位摄影师，去为《中国古人类》一书拍摄古人类遗址照片，行经7个省22个地区，历时4个多月。接着1977年，我又参加“鄂西北奇异动物考察队”赴神农架林区，以穿插队队长身份带领数十名侦察兵，投身到原始森林中去追踪传说中的“野人”，艰苦而又有趣的追踪活动长达8个月。以后又花了将近2个月的时间，进行科学考察资料的整理和分析，最后编印出一本资料集。以后，为了古人类和史前考古学研究，我几乎走遍了祖国大地上的所有重要遗址，为了揭示“野人”之谜，还到过帕米尔高原以及美、苏等国。创作的源泉是生活，正是这些科学考察活动为我提供了科普创作的绝好题材。以科学考察和探险为内容的科普作品，最早多发表在当时业已创刊的《化石》及其他一些科普杂志上，部分内容还补充进《人怎样认识自己的起源》一书中。

以科学考察为题材成为我科普创作的特点之一，内容主要来自科学考察与探险的亲身经历，依据的是第一手资料。我很强调科学与真实，所以这类作品具有很大的趣味性和可读性。

在科普创作早期，我非常感激中国科学院的刘后一和中国青年出版社的王幼于两位前辈，特别是王老，当《人怎样认识自己的起源》初稿经刘后一先生推荐给他之后，他立即发现该书的意义与价值，鼓励我将其补充和修改为内容更充实的作品。在修改过程中，每当我完成一个章节交给他，作为责任编辑的王老不厌其烦地逐字逐句审读，并加工润色，使原本粗糙之作变得通顺流畅。加工后他还要重新誊清一遍给我。我对照不足 10 万字的初稿和已完成编辑的 30 多万字的定稿，从中学到了很多很多有益的东西。毫不夸张地说，没有王老手把手的传授，以及刘后一同志的支持和帮助，我的进步不会那么快，并也绝不可能创作出为广大读者所喜爱的更多作品来。所以，我愿将现在这本佳作精选集献给德高望重的前辈——王幼于先生和已故的刘后一先生。

我从事古人类学和史前考古学研究，不仅长年工作在野外，而且还要在实验室内进行深入细致的对比研究，甚至还要作一些理论上的探讨，研究成果最后以论文的形式发表出去。我还时常参加国内外一些学术研讨会，与同行们进行学术交流，因而能及时获知学科进展的新动态与新信息。所有这些，常常使我有一种冲动，希望将这些信息传播给大家。在这种情况下，我很自然地会拿起笔来进行科普创作，或将枯燥的学术论文变为通俗易懂的科学小品，或借助于展览和陈列，进行形象化的全方位介绍……这也就形成了我科普创作的另一个特点——用浅显易懂的文字、形象的画面充分反映本学科的，特别是自己的科研成果、本学科进展的最新动态、新的发现和新的观念。所以有些人说我是将学术论文通俗化，说我的科学小品为通俗化的学术论文。

自然界中充满了无数的科学之谜，它们激起人们的好奇心。人类具有极强的探索欲，正是这种探索欲，使得科学领域不断拓展，不断有所创新，科学上的探索与创新，使得人类社会不断前进。人类起源本身更是一切自然之谜中最大的谜，人类来自何方，来自何时，为何而来与如何而来，研究这些，无疑是在揭示“谜底”。同时人体本身也充满许多不解之谜，人的潜能究竟有多大？还有多少功能尚未被人所知？所以，我们不仅要探索大自然，也要探索人本身，以及人与自然之间复杂的相互关系。在雅典达尔菲阿波罗神庙门廊的石板上，刻有一句非常有名的古希腊箴言——“认识你自己”。然而真要认识你自己又谈何容易。探索、认识人自身，是人类永感兴趣的课题。人类社会越进步，人越需要，也越能认识和了解自己。因此在我的科普作品中有相当篇幅属于“认识你自己”。通过这些作品，可使广大读者对自身有较全面的了解，我相信读了这些作品不仅可以获得丰富的有关人类的知识，还可以获得做人的自尊与自信，因此有些人说我的科普作品给了人类一面镜子。

揭谜——揭自然之谜、科学之谜以及人自身之谜成为我科普创作的重要题材之一，也是我科普创作的特点之一。虽然有时这些谜未必能彻底揭示而成为科学上的“待揭之谜”，但揭谜过程依然是极富吸引力和充满科学魅力的。

1982 年，为了开辟一个发表有关自然之谜的园地，我们创办了《自然之谜》杂志，我担任主编。这个杂志创刊的宗旨是“激发探索热情、普及科学知识”，它倡导科学上的百家争鸣，发表了各种有事实、有分析、有见解而又能激发人们的探索精神的科普作品。它既反对把人类现有知识当作绝对真理，从而排斥探索精神，也反对拿“探索”当幌子来宣传伪科学和迷信。这一刊物共出版 28 期，于

1988年停版。事实上，我所创作的有关这类题材的科普作品正是沿着这条路子走下去的，直至今日，不改初衷。

科普创作的形式在我心目中还不只是科普小品和文章，还应包括科普讲演和科普展览，当然还有科普电影和电视片在内，这些诸多形式的科普创作我都尝试过。我喜欢动笔，有时我更喜欢动嘴，我所主讲的科普讲座，形式多样，针对的对象也各有不同。从高深的学术讲座到给幼儿讲故事，从国内讲到国外，甚至在公共图书馆里给广大海外华人讲“龙之根”科普讲座。现在我还很热衷于接受采访，以“对话录”或“采访录”的形式进行科普宣传。这种以对话或交谈的方式，一问一答、简明扼要地直指主题，是颇具特色的科普创作形式——由主讲人与采访者共同创作！

以上概括地介绍了我科普创作的主要经历，以及各类题材的定位。时光流逝，一晃我已六十有二，但对科研与科普我依然精力充沛。去年（1998年），我在欧洲比利牛斯和阿尔卑斯群山中攀登考察，现在又伏案总结我的科普创作经历。我的创作欲依然旺盛——现在手头上正撰写《中国古人类百年研究史话》（暂名），打算撰写的还有《我的探险生涯》与《世界“野人”考察与探索》。

以“时光倒流一万年”为题名的本书，几乎涵盖了上述各种题材不同形式的代表性作品，并以发表的时间为序进行编排。这样做，不仅可以梳理出作者在创作生涯中不断摸索前进的轨迹，亦可清楚地看出，在同一题材的内容上，我们的认识如何随学科的发展，随不断涌现的新发现与随之而来的新观念的产生而不断深入和拓展的过程。